# 水资源二元模拟 与股权合作配置

王浩 刘攀 刘志武 桑学锋 张玮 著

中国水利水电出版社
www.waterpub.com.cn
·北京·

## 内 容 提 要

　　本书响应我国高质量发展与生态大保护重大战略，以社会经济发展与水资源短缺的矛盾为切入点，探索实现水资源保护与可持续利用的再平衡。本书以水资源循环二元模拟为基础，从资产负债均衡调配的经济学原理角度，耦合水资源供需配置和效益资产再分配的股权合作配置方法，开发构建水资源二元循环模拟与股权合作的配置模型（WAS-MAC），并开展管理决策与应用分析。

　　本书拓展了传统水资源管理的理念和方法，丰富了水资源科学调控内容，可供高等院校水文学及水资源、水利工程等学科专业的教师和研究生参考阅读，同时也可作为水资源管理、水资源经济等部门工程技术人员的参考用书。

## 图书在版编目（CIP）数据

水资源二元模拟与股权合作配置 / 王浩等著. -- 北京：中国水利水电出版社，2023.7
ISBN 978-7-5226-1445-8

Ⅰ．①水… Ⅱ．①王… Ⅲ．①水资源管理—研究—中国 Ⅳ．①TV213.4

中国国家版本馆CIP数据核字(2023)第044188号

| 书　　　名 | 水资源二元模拟与股权合作配置<br>SHUIZIYUAN ERYUAN MONI YU GUQUAN HEZUO PEIZHI |
|---|---|
| 作　　　者 | 王浩　刘攀　刘志武　桑学锋　张玮 著 |
| 出 版 发 行 | 中国水利水电出版社<br>（北京市海淀区玉渊潭南路 1 号 D 座　100038）<br>网址：www.waterpub.com.cn<br>E-mail：sales@mwr.gov.cn<br>电话：(010) 68545888（营销中心） |
| 经　　　售 | 北京科水图书销售有限公司<br>电话：(010) 68545874、63202643<br>全国各地新华书店和相关出版物销售网点 |
| 排　　　版 | 中国水利水电出版社微机排版中心 |
| 印　　　刷 | 天津嘉恒印务有限公司 |
| 规　　　格 | 170mm×240mm　16 开本　8 印张　135 千字 |
| 版　　　次 | 2023 年 7 月第 1 版　2023 年 7 月第 1 次印刷 |
| 印　　　数 | 0001—1000 册 |
| 定　　　价 | **48.00 元** |

# 前言

在全球气候变化影响日益明显，工业化、城镇化进程不断加快的背景下，水资源已经成为全球众多区域生存环境和经济发展的瓶颈。近 50 年来人类活动导致全球可利用水资源量以约 1000 亿 $m^3/a$ 的速度减少[1-2]；而在过去 100 年中，全球用水量增长了 6 倍，并且仍以每年约 1% 的速度稳定增长[3]。作为水资源时空分布不均的典型地区，我国也面临着严峻的情势，近 2/3 的城市存在不同程度的缺水。工业和城市的发展不断挤占农业用水，经济社会用水不断挤占生态用水；弱势部门（如农业、生态等部门）的水资源权益被挤占，造成了一系列生态环境问题，越是在水资源紧缺的地区，这种权益受损越是突出。如何实现产业发展反哺弱势部门的损失，进而实现水资源保护与可持续利用之间的水量平衡和经济平衡，是实现人水和谐的一条有效路径。

随着经济社会的快速发展与水资源日益短缺的矛盾不断加大，我国提出了高质量发展与生态大保护重大战略，但如何高效合理地进行水资源保护与经济社会高质量发展，尚处于探索阶段。本书将在水资源循环二元模拟基础上，从资产负债均衡调配的经济学原理角度，耦合水资源供需配置和效益资产再分配的股权配置方法，开发构建水资源二元模拟与股权合作的配置模型（WAS-MAC），并开展应用实证分析。具体可分为三大部分。

（1）开发基于"自然-社会"二元水循环的全过程模拟模型：以水资源循环过程为主线，耦合降水产汇流过程和水库、调引工程规则，采用"实测-分离-聚合-建模-调控"的建模方法，根据水循环过程和单元工程及区域用水变化特点，从全流域系统角度出发，构建"自然-社会"二元水资源系统过程的水资源情势全过程推演模型，实现区域不同供水工程、用水主体及其径流过程变化响应分析。

（2）构建基于股权合作的水资源优化配置方法：探索对内实现各股东之间合理、公平地确定股权权益，重构资产；对外平衡股权合作体内外关系，优化合作体总体效益，共同分享收益与承担债务。以"利益共享、债务共担"的思想，研究兼顾效率与公平的股权合作体内部各区域、各部门之间的水资源权益分配问题，借鉴博弈论中有关破产理论的相关配置策略与准则，构建基于资产重构理念的水资源配置策略。

（3）开展实践的应用与验证：研究提出基于"权力指数"的稳定性评价和用水效益评价的 WAS－MAC 水资源调配评价方法，并以湖北省鄂州市17个行政区域为案例，基于股权合作的水资源配置策略，求解水资源综合调配方案，给出不同水平年的供用水格局、各用水户配置策略，并对区域水资源系统的整体效益和供需保障进行综合分析。

本书得到中国长江三峡集团有限公司（简称三峡集团）科研项目"水工程变化与长江经济带发展格局下水资源配置策略研究（第一阶段）(202103044)"支持，三峡集团科研院梁犁丽、张玮、杨恒、徐志等提供了十分有益的建议和大力支持，谨在此一并表示感谢！同时感谢所有参考文献的作者！

受水平的局限，书中不免有挂一漏万和错误悖谬之处，敬请批评指正。

作者

2022 年 12 月

# 目录

前言

第1章　绪论 ……………………………………………………………… 1

1.1　背景及意义 ……………………………………………………… 1

1.2　理论基础与科学原理 …………………………………………… 3

1.3　国内外研究综述 ………………………………………………… 6

1.4　技术路线与主要内容 …………………………………………… 11

第2章　水资源二元模拟与股权合作的配置模型 ……………………… 15

2.1　模型框架设计 …………………………………………………… 15

2.2　水资源二元模拟模型方法 ……………………………………… 16

2.3　WAS-M股权合作模式下的水资源决策方法 ……………… 25

2.4　WAS-MAC水资源调配评价方法 ……………………………… 30

第3章　研究区概况 ……………………………………………………… 36

3.1　区域自然概况 …………………………………………………… 36

3.2　社会经济概况 …………………………………………………… 38

3.3　区域水资源分析 ………………………………………………… 41

3.4　水资源开发利用分析 …………………………………………… 52

第4章　研究区水资源二元模型WAS-AC构建与校验 …………… 60

4.1　研究区数据搜集及数据库建立 ………………………………… 60

4.2　模型单元划分 ································· 71

4.3　水循环模块调参与校验 ····················· 73

4.4　经济社会用水模块调参与校验 ············· 77

**第5章　鄂州市水资源综合调控与应用分析** ········· 79

5.1　场景设置 ································· 79

5.2　水资源配置方案求解与评估 ················· 81

5.3　各水平年区域水资源开发利用配置格局 ····· 94

5.4　用水户供用水配置策略 ····················· 103

5.5　股权合作模式下的效益分析 ················· 105

**第6章　结论与展望** ································· 110

6.1　主要结论 ································· 110

6.2　研究展望 ································· 113

**参考文献** ········································ 114

| 第1章 | 绪　　论 |
|---|---|

## 1.1　背景及意义

在全球气候变化影响日益明显以及工业化、城镇化进程不断加快的现实背景下，水资源的开发利用已严重影响着全球众多地区的生存环境和经济发展。研究表明，近几十年来人类活动导致全球可利用水资源量以约 1000 亿 $m^3/a$ 的速度减少[1-2]；然而在过去 100 年中，全球用水量增长了 6 倍，并且由于人口增加、经济发展和消费方式转变等因素，全球用水量仍以每年约 1% 的速度稳定增长[3]。用水量的减少造成生态系统退化，生物多样性丧失，同时影响着与水相关的生态系统服务功能，如净化、碳汇、防洪以及农业用水、渔业用水和娱乐用水的服务功能等。

我国也面临着严峻的情势，全国现状缺水量达 400 亿 $m^3/a$，近 2/3 的城市存在不同程度的缺水，农业平均每年旱灾面积达 2.3 亿亩❶。同时工业和城市的发展不断挤占农业用水，迫使农民为了生存和发展大量开采地下水。目前全国已有 56 个区域性地下水漏斗，绝大部分发生在北方平原地区，部分含水层已趋于疏干态势，地下水储存明显减少。区域性地下水位的持续下降不但使现有井眼及机器大量报废，而且造成地面下沉、水质恶化、海水侵袭等一系列环境问题。

---

❶　1 亩 $\approx 666.67 m^2$。

在《联合国环境项目·水资源管理》中指出"水资源危机的一个主要问题是水资源管理问题"。而传统水资源管理模式注重保障产业经济的发展，更加注重以需定供和取水管理：一是发展阶段注重以需定供，为了经济社会发展，不断增加流域/区域水资源的汲取量，使得河川断流，生态恶化；二是随着生态环境意识的增强，开始注重取水管理，给予不同区域一个取水总量控制，其结果往往是发达地区或者强势部门通过提高水的重复利用率和消耗率，在不突破许可取水量的限制的前提下，消耗更多的水量，使得回归河流的水量趋近为零。

上述方式意味着欠发达地区或者弱势部门（如农业、生态等部门）可使用的水资源将被挤占，结果不仅造成了水资源供需矛盾加剧，还带来了一系列生态环境问题，越是在水资源紧缺的地区，这种矛盾越是突出［图1.1（a）］。一旦弱势部门生态环境受到破坏，如何实现产业发展反哺，进而实现水资源保护与真正可持续利用之间的水量平衡和经济平衡［图1.1（b）］，是一个管理决策再平衡的科学定量问题。

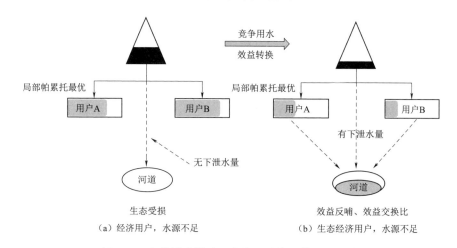

图 1.1  人类活动影响下水资源系统调控适配要求

随着经济社会的快速发展与水资源日益短缺矛盾的不断加大，我国提出了高质量发展与生态大保护重大战略，但如何高效合理地进行水资源保护与经济社会高质量发展，尚处于探索阶段。本书将在水资源循环二元模拟基础上，从资产负债均衡调配的经济学原理角度，耦合水资源供需配置和效益资产再分配的股权配置方法，开发构建水资源二元模拟与股权合作配置模型；

同时将开展理论研究，并结合案例分析，以期拓展传统水资源管理的理念和方法，丰富水资源科学调控内容。本书的研究结果将有助于实现水资源适配与经济效益再平衡分配，促进水资源的可持续利用、社会经济和生态环境的协调发展。

# 1.2 理论基础与科学原理

## 1.2.1 二元水循环理论

人类活动在天然水循环过程中对大气、土壤、地表和地下等各个环节的影响使水资源循环产生了"自然-人工"二元特性，自然流域水循环驱动由原来的太阳辐射及地球引力逐渐转变为"天然-人工"二元力驱动，可以总结为四大驱动机制：公平机制、效益机制、效率机制、国家机制[4]。王浩等提出二元模式下水资源评价理论方法，阐述二元模式下年径流演化理论，并将该理论应用于研究无定河流域下垫面动态变化中的降水径流关系[5-6]，同时将现代二元模式下的水循环演化模式概括为"实测-分离-聚合-建模-调控"。分离，即在实测水文量中分别识别自然与人工要素各自做的贡献；聚合，即建立各个分离的要素保持相互之间的动态联系模型。

在现代环境下人类活动的影响，在自然水循环结构以外形成了由人类活动参与的"蓄水-取水-输水-用水-排水-回归"社会水循环结构，在原有自然水循环参数上增加了供水量、需水量、耗排水量等社会水循环参数。水循环服务功能由单一对自然生态系统的支撑转变为对生态环境系统与经济社会系统的二元支撑。区域自然水循环与社会经济水循环表现为以下耦合互馈关系。

（1）人类活动的供、耗、取、排水等对自然水循环的影响机制。

（2）二元水循环对水生态环境的影响，以及区域自然水资源支撑经济社会的可持续发展。

（3）人类活动对水循环的影响造成水资源量与水质的变化，又反馈于社会取用水中。

## 1.2.2 水资源经济学基本原理

自然资源经济学是微观经济学的一个分支，是研究自然资源和经济社会政策的一门应用经济学。它是利用经济学理论和定量分析的方法来揭示、分析和评价自然资源和环境方面的经济规律，重点研究资源环境价值计量、制度政策、自然资源的可持续利用等问题[7]。水作为自然资源之一，同时具有使用价值和资源价值两种属性[8]。而水资源经济学作为自然资源经济学的分支，是研究水资源稀缺状况下优化配置问题的经济科学。水资源经济学的研究目的是要以同样的水资源消耗获得尽可能大的效用满足，或者以尽可能少的水资源消耗获得同样的效用满足，使生产者以同样的水资源投入获得尽可能高的产出水平，或者以尽可能少的水资源投入获得同样的产出水平。

水资源经济学将经济社会发展用水与经济价值规律有机结合，将传统的静态供求关系模型（基于工程规模、供水成本等），转变为动态供求关系模型（基于水权、水价、优先权益、人口变化、经济发展、产业用水需求等）。根据供求理论，水资源的供给量会影响水的价格，其边际效益的变化趋势最终决定了社会总效益的大小（图 1.2）。

不同用水类型（农业、工业、生活）、不同水文条件（干旱年、正常年、丰水年）、不同地理环境（内陆、沿海）以及不同外部影响（经济衰退、文化习俗）等不同因素共同决定了特定用水户的供需关系曲线。在水资源经济学模型中，水的配置应由它产生的经济价值（总收益）进行驱动或评估，通过设立恰当的目标函数，使系统的经济价值最优，而最大化净收益通常等同于对水资源的重新分配。微观经济的边际原则指出，在不同部门之间的最优分配中，每个部门应从分配的最后一个单位资源中获得相同的效用，同时，各用水户的边际效益趋于一致[9]。在实践中，由于非经济约束（例如水文、工程、制度、文化等）和对动态响应的有限能力，等边际效益通常并不在水文经济网络中的所有时间段和位置都成立。

本书将结合博弈理论进一步发展的代理人基（agent – based）模型，将参与方的偏好和博弈因素也考虑在内，基于博弈主体不同的诉求、制度和非经济动机设置不同的场景（合作博弈、非合作博弈、破产博弈等），通过对

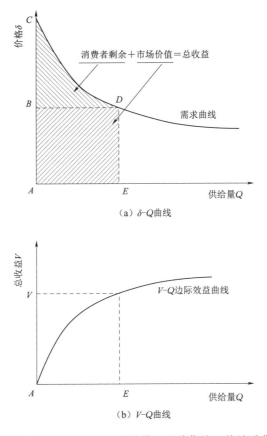

图 1.2  水资源供给量 $Q$ 与价格 $\delta$ 和总收益 $V$ 的关系曲线

策略和行为的推演，分析不同情势下的经济效益均衡点[10]。综上，水资源经济学模型有助于分配稀缺资源并确定反映社会价值和资源有效使用之间的权衡。

## 1.2.3  自然资源资产负债

随着经济社会的快速发展，自然资源消耗不断加剧，人与生态环境的冲突日益严峻，人类社会对生态环境的欠账已成为不争的事实[11]。基于经济学、会计学、统计学的资产负债表基本理论，对于全面评价资源消耗、环境损害、生态效益具有借鉴意义。中共十八届三中全会提出"探索编制自然资源资产负债表""制定生态文明评价体系,把资源消耗、环境损害、生态效益纳入经济社会发展评价体系,编制体现生态文明要求的自然资源资产负债表"。编制国家自然资源资产负债表被明确纳入全面深化改革的宏伟蓝图,成为国家级的战略任务。

现阶段,大多学者认为应该基于自然资源"过度"消耗来定义自然资源资产负债,即人类在利用自然资源过程中对自然资源的过度消耗和不恰当排放所带来的资源过耗、环境损害、生态破坏后所应承担的、需要偿还的责任和义务,涵盖资源过耗、环境损害和生态破坏等三方面内容[12]。在水资源资产负债表的编制与核算过程中,水资源权益的确定是核算基础,用水户的水资源权益可通过直接手段赋值,同时环境的水资源权益则被动或间接获得。若用水户用水量小于或等于水资源权益,经济体无负债,则用水户的行为不会造成生态环境破坏,环境与经济活动之间可实现持续发展;反之,若用水户的用水量大于水资源权益,则产生对环境的水资源负债,经济活动对生态环境造成破坏,这时资源、环境与经济活动之间呈现不可持续的状态。水资源使用者为平抑自身的负外部性,有义务对环境进行补偿、恢复或修复。

国内外学者对于水资源负债的核算方法进行了大量研究和探讨[11-17],其核心思想可以归纳为"资产=负债+权益"这一经济学的恒等式,应用于本书为

$$水资源资产 = 环境负债 + 所有者(股东)权益 \qquad (1.2.1)$$

本书着眼于在股权合作模式下,以合作集体内部最优资产重构方案为依托,综合考虑不同场景下合作集体的内外关系,本着"利益共享、债务共担"的原则,研究外部债权方(生态环境侧)对于股权合作集体(社会经济侧)的贡献大小,及其对应的水资源配置格局。

# 1.3 国内外研究综述

## 1.3.1 水资源配置研究

水资源配置作为水资源管理的重要手段和核心工具,主要用来充分协调

水与社会经济及生态环境等要素之间的关系，提升水资源与社会经济及生态环境相适应的匹配程度，实现水资源供需均衡和合理利用，促进经济社会的可持续发展。

国际上开展水资源配置的研究始于20世纪40年代中期，主要研究单一工程的优化调配，以后逐渐发展到流域水资源的优化分配。水资源配置的目标、研究方法以及调控机制都得到了发展。Young等[18] 应用多层次配置技术对地表水库、地下含水层的联合调度进行了研究。Haimes等[19] 采用分解方法进行地下水和地表水配置，Jay等[20] 使用最佳控制模型确定农业和城市用途中地下水和地表水的社会最佳空间和时间分配，Jes等[21] 构建了灌区规划模型，Leusink[22] 提出地下水综合配置规划方法，Philbrick[23] 提出最佳对流操作方法开展地表和地下存储的供水系统配置，Paul等[24] 开发了将数值模拟与线性优化耦合的结合配置模型，以评估代表美国东北部的冲积谷流含水层系统的地下水取水与流水消耗之间的权衡，Schot等[25] 基于湿地地下水-地表水相互作用分析，提出适应性的水资源综合配置与管理模型，Sampson等[26] 构建水资源配置和规划管理模型WaterSim来模拟当前和预计未来的时空水供给和需求影响。林一山[27] 总结了流域综合规划的重要性并提出引汉济黄济淮问题；我国华士乾[28] 在国家"七五"攻关项目中提出了水资源配置模型，模型考虑水资源区域分配、水利工程建设次序、水资源利用效率以及开发利用对国民经济的作用；雷志栋等[29] 对地下水位连续下降时的土壤疏干补给调控进行了研究；周惠成等[30] 建立了一般的有模糊约束的多阶段多目标系统的模糊优化理论与模型；沈佩君等[31] 构建了分区配置调度及统一管理调度模型在内的大系统分解协调模型；王浩等[32] 在"黄淮海水资源合理配置研究"中，首次提出水资源"三次平衡"的配置思想，进行水资源配置；董增川等[33] 运用经济原则、生态系统平衡原则提出西部水资源配置模型；赵建世等[34] 提出了基于复杂适应系统理论的水资源配置系统分析模型；刘振胜[35] 提出了长江流域水资源合理调配的构想；左其亭等[36] 提出了面向可持续发展的水资源管理量化模型，并开展了和谐论水资源调控方法研究；贾绍凤等[37] 建立了西北地区水资源承载能力优化计算模型；陈西庆等[38] 开展了长江流域的水资源配置与水资源综合管理研究；吴泽宁等[39] 构建了体现水资源调控目标的指标体系及优选模型；邵东国等[40] 构建了基于净效益最大的水资源优化配置模型；王忠静等[41] 构造了水资源承载能力双指针的计算模型；顾文权等[42] 建立了水资源优化配置多目标风险分析模型；夏军等[43] 基于长江上游流域 16 个主要控制站，对长江上游流域径流变化及其影响原因进行了分析；王世新等[44] 利用相关性分析方法和层次分析法（Analytic Hierarchy Process，AHP）开展了长江流域的水资源空间分配研究；桑学锋等[45] 针对"自然-社会"二元水资源系统的复杂互馈问题，构建了半分布式水资源综合模拟与调配模型（Water Allocation and Simulation Model，WAS）；胡春宏等[46] 针对当前情势提出了长江治理开发与保护协调的总体思路及主要策略。

综上，在水资源适应性配置技术方面，国内外从单一水库工程调控向多库群、多过程、多目标水资源优化调控方向发展，在算法上也从线性规划方法拓展到非线性的求解方法，从整个水循环系统角度研究人类活动影响及适应性调配研究逐渐成为目前研究热点。

## 1.3.2　水循环模拟研究综述

经过半个世纪的研究和发展，由超渗、蓄满和蓄满-超渗等经典产流理论研发了各种水文模型（即水循环模型），基本可以分为集总式和分布式两类水文模型，典型集总式模型如 Tank 模型、SSARR 模型、HEC 模型、Stanford 模型、新安江模型、陕北模型等，集总式模型把研究区作为一个整体，概化了流域特征参数在空间上的变化。分布式模型能反映气候和下垫面因子的空间不均匀性对降雨径流形成的影响，因而逐渐成为现代水资源研究的热点。Joseph 等[47] 运用 Mike 模型开展地表地下水综合模拟研究；王盛萍等[48] 实现 MIKE－SHE 与 MUSLE 耦合模拟小流域侵蚀产沙空间分布特征；王中根等[49] 运用 SWAT 模型在海河流域开展应用；杜鸿等[50] 采用极值统计模型分析淮河流域极端径流的时空变化规律；Mehran 等[51] 运用分布式模型开展了美国塞勒姆河上游病原体迁移扩散模拟与应用；夏军等[52] 研发提出分布式时变增益水循环模型（Distributed Time Variant Gain Modeling，DTVGM），实现了水文循环空间数字化信息与水文系统理论相结合；熊立华等[53] 提出了基于数字高程模型（Digital Elevation Model，DEM）

的分布式流域水文模型;孙福宝等[54]、田富强等[55] 从水热耦合角度研究水文模型实现流域水文过程模拟;郝芳华等[56]、王根绪等[57]、Im 等[58]、王国庆等[59]、张淑兰等[60] 则利用水文模型分析了气候变化对区域水源演变的影响;杨大文等[61]、郝振纯等[62] 开展了不同土地利用的时空变化对径流影响研究。

在水循环演变模拟技术方面,水循环模拟从集总式模型到分布式模型研究,研究尺度也不断变大,同时在驱动径流变化的气候模拟及下垫面响应方面开展了大量研究,但鲜见对人类取用耗排过程与天然水循环多层次逐时段实时动态反馈模拟的综合分析,尤其是覆盖整个长江流域的综合分析更是少见。《国际水文十年计划(2013—2022)》指出人类活动影响下水资源适应性管理是现阶段的重要研究热点;2018 年 11 月美国国家科学院在《美国未来水资源科学优先研究方向》中提出"增加对人类活动与水资源关系的关注,研发涵盖整个水循环过程的多尺度、集成性的动态模型"作为重要发展方向。

## 1.3.3 水资源经济与股权相关研究综述

经济学是研究资源配置的科学,水资源经济学则是对水资源配置的科学[63]。现代水资源学的研究领域主要包括:水资源评价与价值量核算、水资源配置、水资源调度、水资源利用效率评价和水资源管理等。《中国水科学研究进展报告》[64] 中将水资源-社会-经济-生态环境整体分析、水资源价值、水权及水市场、水利工程经济、水利投融资及产权制度、虚拟水与社会水循环作为水资源经济研究的范围。从水资源使用类型上可以大致分为农业、工业、生活和生态四个方面,针对这四个方面国内外学者均做了大量的水资源经济方面研究。秦长海等[65]、甘泓等[66] 通过研究水资源的使用价值、产权价值、劳动价值、补偿价值等全属性价值对海河流域的 10 个行业水经济价值进行分析。甘泓等[67] 比较了残值法、扣除非水成本法和效益分摊系数法等常用方法在农业、工业水经济价值核算的不同。李良县等[8] 利用效益分摊系数法研究三大产业的水资源经济价值,并以海河流域为例进行了实证研究。Dinar 等[68] 利用生产函数模型,研究以色列农业用水价值。

Chandrakanth[69] 对农业用水的外部性、灌溉的成本、水的价值、灌溉用水博弈等进行了系统研究。沈大军等[70] 根据深圳市入户调查数据，利用计量经济学方法分析了生活用水的变化。Costanza 等[71] 对生态系统服务和自然资源资产的价值研究奠定了生态经济学的研究范式。联合国水环境经济核算体系（The System of Environmental - Economic Accounts for Water, SEEA - W）认为生态系统服务价值的评估是生态环境保护、生态功能区划、环境经济核算和生态补偿决策的重要依据和基础[72-74]。通过量化分析和建立水文、水资源经济模型，国内外学者进行了深入的研究并取得长足进展[10]。

水资源经济学所研究的核心问题包含两个方面：一方面是如何对水资源进行确权，包括所有权和使用权两部分；另一方面是如何对水资源资产的价值进行评估与测定。而经济学中，股权合作研究的核心科学问题是对内如何在各股东之间合理、公平地确定股权权益、重构资产；对外如何平衡股权合作体内外关系、优化合作体总体效益、共同分享收益与承担债务。其确权与价值评估的逻辑和方法与水资源的确权和水资源的价值评估有相似，将流域可利用水资源作为股权合作博弈下的主要资产，将流域内各区域、各用水户、各利益相关方视为流域这个"公司"的"股东"，研究如何兼顾效率与公平地分配"股东权益"。在水资源短缺的大背景下，股权合作下的水资源配置策略研究的核心科学问题是如何处理股东权益与债权权益的冲突，实现空间均衡下的人水和谐。博弈论中有关破产理论的相关配置策略与准则，构建基于资产重构理念下的水资源配置策略。Thomson[75-76] 系统梳理了与破产理论相关的配置思想与策略。Mianabadi 等[77-78] 将流域沿岸国家的需水权重纳入资产重构的分配因素，以幼发拉底河作为案例进行论证。Degefu 等[79-82] 通过讨价还价博弈与破产理论相结合，构建尼罗河沿岸国家在缺水情况下的水资源分配解决方案。孙冬营等[83] 运用破产理论分析跨区域间水资源配置冲突问题，并通过 BASI 指数和 CPBSI 指数检验分配的稳定性。张凯等[84] 通过五种加权破产博弈模型分析玛纳斯河流域水资源分配问题。陈琛等[85] 应用多种水资源分配规则探讨了黄河流域水量分配和再分配问题。

水资源作为链接社会经济发展与生态环境建设的纽带，其自然资源资产具有稀缺性。通过股权合作理论，构建水资源配置利益相关方的股权合作框架,明晰股权权益与债权权益,分析空间均衡下的用水安全保障和生态环境的保护与补偿、平衡股权合作体内外关系、优化合作体总体效益、共同分享收益与承担债务,研究负债与环境投入的动态平衡关系,或可为维持区域生态可持续发展、构建人水和谐型社会提供解决方案。

# 1.4 技术路线与主要内容

## 1.4.1 技术路线

本书以构建水资源全过程模拟模型以及基于该模型的股权合作水资源配置模式及策略为研究对象,结合试验研究、现状资料分析、数值模拟等手段,采用"数据支撑—学科交叉—模型构建—场景方案—评估分析"的层层递进方法开展研究。

采集研究区域土壤地质、水文气象、历史检测等各项自然侧数据,以及水利工程、人口发展、社会经济等各项社会侧数据,构建多源信息数据库,分析研究区域的水资源开发利用及社会经济运行情况;以水文水资源学与系统学、环境经济学、金融学、博弈论、财务会计知识等多学科的融合交叉为理论方法支撑;分析水资源动态响应与模拟的科学问题及难点,构建基于"自然-社会"二元水循环理论下的水资源二元模拟配置模型,定量分析其响应关系和演变规律。以该模型为基础,探索研究股权合作模式下的水资源配置方法,并将其应用于湖北省鄂州市 17 个行政区域,形成普适性的水资源一体化模拟与股权合作下的配置方法体系。

股权合作模式下的水资源配置方法包括三方面内容。

(1)水资源配置策略选优:基于博弈论思想,综合考虑股权合作集体内部各股权权益方的利益与诉求,以破产理论的分配方案集为基础,提出不同的资产重构策略,并对不同策略进行博弈稳定性评价,以确定最优的资产重构策略,作为股权合作集体内的股权权益分享方案。

(2)区域水资源配置格局研究:以股权合作集体内部最优资产重构方案为依托,综合考虑不同场景下合作集体的内外关系,本着"利益共享、债务共担"的原则,研究外部债权方(生态环境侧)对于股权合作集体(社会经济侧)的贡献大小,及其对应的水资源配置格局。

(3)水资源配置效益:根据社会经济发展预测数据,研判股权合作模式下的水资源利用效益和各地区、各行业的用水价值;分析基于股权合作模式下的合作集体应得效益及环境负债(对生态环境的挤占),为生态补偿标准的制定提供政策支持和参考。

本书按照分层递进的逻辑思维开展研究,总体技术路线如图 1.3 所示。

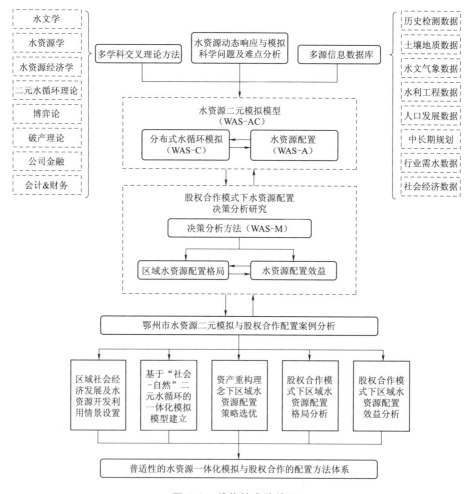

图 1.3　总体技术路线图

## 1.4.2 关键技术

### 1. 基于"自然-社会"二元水循环的全过程模拟模型

以水资源循环过程为主线，耦合降水产汇流过程，根据水库、调引工程规则，采用"实测-分离-聚合-建模"的建模方法，根据水循环过程和单元工程及区域用水变化特点，从全流域系统角度出发，构建"自然-社会"二元水资源系统过程的水资源情势全过程推演模型，实现分析区域不同供水工程、用水主体及其径流过程变化响应。

### 2. 基于股权合作的水资源优化配置方法

股权合作研究的核心科学问题是对内如何在各股东之间合理、公平地确定股权权益、重构资产；对外如何平衡股权合作体内外关系、优化合作体总体效益、共同分享收益与承担债务。基于股权合作的水资源优化配置方法着眼于研究如何高效、公平地分配股权合作体内部各区域、各用水户之间的"股东权益"。将流域可利用水资源作为股权合作博弈下的主要资产，借鉴博弈论中有关破产理论的相关配置策略与准则，构建基于资产重构理念下的水资源配置策略。

## 1.4.3 主要内容

本书按照"数据支撑—学科交叉—模型构建—场景设置—评估分析"的科学思路进行设置，按照层次递进的关系开展研究，主要包括 6 章内容。

第 1 章 绪论：本章针对现状水资源开发利用及生态环境面临问题，提出本书的意义，并在系统梳理理论原理和国内外研究基础上，提出本书的技术路线和关键技术。

第 2 章 水资源二元模拟与股权合作的配置模型：针对研究问题和技术需求，本章提出并开发相应的综合模拟模型（Water Allocation and Simulation - Management and Allocation Construction，WAS - MAC），主要包括模型总体框架设计、水资源二元模拟模型（Water Allocation and Simulation – Allocation Construction，WAS – AC）、股权合作模式下的水资源决策方法（Water Allocation and Simulation – Management，WAS – M）、模型调配方案评价方法等内容。

第 3 章 研究区概况：本章主要介绍研究区的基本水情和经济社会发展情况，分析水资源开发利用及发展预测。

第 4 章 研究区水资源二元模型 WAS – AC 构建与校验：本章开展数据整理及模型所需数据库建立，开展模型单元划分、模型构建与校验，相当于构建区域人类活动影响下水资源变化模拟器，为区域水资源综合模拟与调控提供水资源变化支撑。

第 5 章 鄂州市水资源综合调控与应用分析：本章根据区域发展和水源边界特点，制定不同水平年的场景条件，并根据基于股权合作的水资源配置策略方法，求解水资源综合调配方案，给出不同水平年的供用水格局、各用水户配置策略，并对区域水资源系统的整体效益和供需保障进行综合分析。

第 6 章 结论与展望：通过上述研究，本章进一步凝练，总结归纳本书的主要结论，并对未来研究提出展望。

# 第2章 水资源二元模拟与股权合作的配置模型

## 2.1 模型框架设计

水资源二元模拟与股权合作的配置模型（WAS-MAC）主要包括基于股权合作的决策分析方法模块（WAS-M）、分布式水循环模拟模块（WAS-C）和水资源配置模块（WAS-A），总体框架见图2.1。

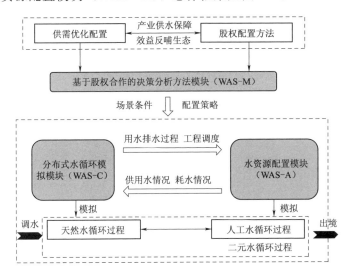

图 2.1　水资源二元模拟与股权合作的配置模型（WAS-MAC）总体框架

　　水资源配置模块（WAS-A）和分布式水循环模拟模块（WAS-C）是从全流域系统角度出发，实现"自然-社会"二元水资源系统过程的水资源情势全过程推演，主要用来刻画人类活动影响下不同供水工程、用水主体及其径流过程变化响应。这两个模块是整个模型的基础。

　　基于股权合作的决策分析模块（WAS-M）主要用来刻画经济社会产业用水与生态环境用水的竞争再平衡边界，综合考虑不同场景下合作集体的内外关系，本着"利益共享、债务共担"的原则，研究外部债权方（生态环境侧）对于股权合作集体（社会经济侧）的贡献大小及其对应的水资源配置格局。该模块是实现产业用水保障和经济社会反哺生态平衡的驱动核心。

　　三个模块的基本功能与运行机理如下。

　　（1）WAS 是由中国水利水电科学研究院水资源所开发的"自然-社会"水循环模拟与配置模型，是一个兼顾流域和行政且具有长时段及多水源、多用户特点的大尺度水资源综合模拟模型，在自然水循环和经济社会水循环过程的动态模拟与互馈方面具有显著优势。WAS 模型主要包括 WAS-A 和 WAS-C 两个部分（以下简称 WAS-AC），其中 WAS-A 用来刻画经济社会的供用耗排过程，为 WAS-C 提供经济社会用水过程信息；WAS-C 用来刻画自然产汇流过程，为 WAS-A 提供水源信息。二者耦合实现人类活动影响下的水资源系统模拟。

　　（2）WAS-M 即基于股权合作的决策分析模块，鉴于水资源开发利用过程中"自然-人工"的二元复杂性和适配性特点，本书在常规供需优化配置基础上，从可持续发展的经济再平衡角度，研究了基于股权合作的水资源配置方法，实现产业用水保障和产业效益反哺生态，为区域水资源合理开发和可持续利用提供支撑，同时为人类活动影响下水资源二元模拟模型提供场景边界。

## 2.2　水资源二元模拟模型方法

　　水资源"自然-社会"二元模拟模型（简称水资源二元模拟模型，WAC-AC）主要包含两个部分——天然降水产汇流过程和经济社会取用水过程，最终将两者进行有机结合以实现研究区域水资源的动态互馈。

本书以桑学锋等[45,86] 研发的水资源综合模拟与调配全过程模型为基础，WAS在自然水循环与社会水循环过程动态互馈模拟与水资源适应性调配等方面具有显著特点。该模型基于"自然-社会"二元水循环理论，提出"实测-分离-聚合-建模-调控"的水循环时序动态反馈模拟方法。该模型主要包括产流模拟、河道汇流、水质模拟、再生水和水资源配置五大模块，其中产流模拟模块、河道汇流模块和再生水模块属于水循环模拟模块，再生水模块可以计算区域地表水资源量和地下水资源量以及污水处理厂产生的再生水资源量；水资源配置模块用来进行水量水质联合配置。WAS-AC模型结构见图2.2。

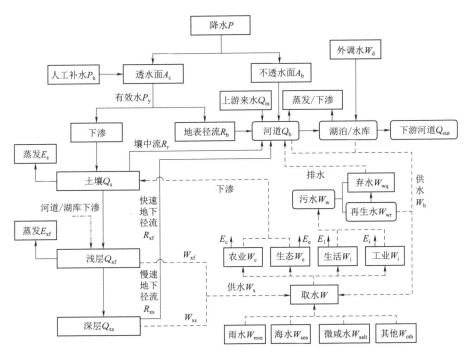

图 2.2　WAS-AC 模型结构图

## 2.2.1　WAS-AC 计算单元划分方法

模型单元的划分直接影响水资源系统的调控和模拟，是水资源综合模拟与调配系统的重要组成部分，对系统的调控模型起架构、模拟以及统计分析的关键作用。在"自然-社会"二元水循环系统及现实的水资源管理中水文单元的计算通常以行政区划范围为主，WAS采用"基本单元—计算单元—水文单元"的三级单元划分方法，通过水资源分区和行政分区的叠加剖分形成基本单元，以此保证单元的流域分区与行政分区的单一性，再利用DEM对基本单元进行剖分形成计算单元。

单元划分方法如图 2.3 所示。

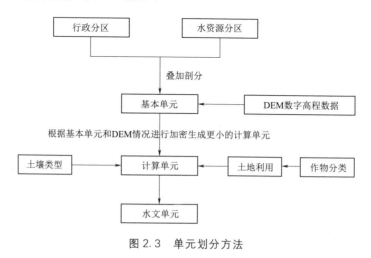

图 2.3　单元划分方法

## 2.2.2　WAS-C 基本计算原理

WAS-C水资源产汇流计算按照蓄满产流和超渗产流机制，遵循牛顿力学机理，从高往低、从面向点的方向汇集。

### 1. 地表产流过程

模型结合流域下垫面状况将单元地表产流面积分成两个部分进行计算：透水产流面积和不透水产流面积。透水面上采用综合产流方法，不透水面上的降水需要去除蒸发后生成地表径流，计算公式如下：

$$R_{b,t}=R_{bz,t}+R_{bc,t}; \ R_{bz,t}=P_{y,t}\times A_b; \ R_{bc,t}=R_{bcf,t}+R_{bcx,t} \quad (2.2.1)$$

$$R_{bcf,t}=\begin{cases}P_{y,t}\times A_c-F_s, P_{y,t}\times A_c>F_s \\ 0, P_{y,t}\times A_c\leqslant F_s\end{cases} \quad (2.2.2)$$

$$R_{\mathrm{bcx},t}=\begin{cases}R_{\mathrm{bcl},t}-Q'_t,R_{\mathrm{bcl},t}>Q'_t\\0,R_{\mathrm{bcl},t}\leqslant Q'_t\end{cases} \tag{2.2.3}$$

$$R_{\mathrm{bcl},t}=P_{\mathrm{y}}\times A_{\mathrm{c}}-R_{\mathrm{bcf},t} \tag{2.2.4}$$

$$Q'_t=Q_{\mathrm{sm}}-Q_{t-1}\,;\ P_{\mathrm{y},t}=P_t+P_{\mathrm{h},t}-E_{\mathrm{m},t}\times K_{\mathrm{es}} \tag{2.2.5}$$

式中：$R_{\mathrm{b},t}$ 为地表径流，$\mathrm{m}^3$；$A_{\mathrm{c}}$ 为透水面积，$\mathrm{m}^2$；$A_{\mathrm{b}}$ 为不透水面积，$\mathrm{m}^2$；$R_{\mathrm{bc},t}$ 为透水面积上产生的径流，包括超渗产流 $R_{\mathrm{bcf},t}$ 和蓄满产流 $R_{\mathrm{bcx},t}$，$\mathrm{m}^3$；$R_{\mathrm{bcl},t}$ 为超渗径流剩余量，$\mathrm{m}^3$；$R_{\mathrm{bz},t}$ 为不透水面积上的径流，$\mathrm{m}^3$；$P_{\mathrm{y},t}$ 为有效水量，$\mathrm{mm}$；$P_t$ 为降水量，$\mathrm{mm}$；$F_{\mathrm{s}}$ 为最大下渗能力，$\mathrm{m}^3$；$P_{\mathrm{h},t}$ 为人工补水量，$\mathrm{mm}$；$E_{\mathrm{m},t}$ 为蒸发量，$\mathrm{mm}$；$K_{\mathrm{es}}$ 为蒸散发折算系数；$Q'_t$ 为土壤时段可蓄滞水量，$\mathrm{m}^3$；$Q_{t-1}$ 为初始含水流量，$\mathrm{m}^3$；$Q_{\mathrm{sm}}$ 为土壤最大蓄水容量，$\mathrm{m}^3$；$t$ 为计算时段。

2. 壤中流产流过程

模型中将土壤水转化为土壤补给浅层地下水、土壤水储存量、土壤蒸散发和壤中流四个部分，计算公式如下：

$$R_{\mathrm{s},t}=Q_t\times\alpha_{\mathrm{ss},t} \tag{2.2.6}$$

$$R_{\mathrm{sx},t}=Q_t\times\alpha_{\mathrm{sx},t} \tag{2.2.7}$$

$$Q'_t=\begin{cases}Q_{\mathrm{bcl},t},Q_{\mathrm{bct},t}\leqslant Q'_t\\Q'_t,Q_{\mathrm{bcl},t}>Q'_t\end{cases} \tag{2.2.8}$$

$$Q_t=Q_t^0+Q'_t \tag{2.2.9}$$

式中：$R_{\mathrm{s},t}$ 为壤中流，$\mathrm{m}^3$；$R_{\mathrm{sx},t}$ 为对浅层地下水补给水量，$\mathrm{m}^3$；$Q'_t$ 为土壤时段可蓄滞水量，$\mathrm{m}^3$；$Q_{\mathrm{bcl},t}$ 为田间持水量；$Q_t^0$、$Q_t$ 分别为时段初与时段末的土壤含水量，$\mathrm{m}^3$；$\alpha_{\mathrm{ss},t}$、$\alpha_{\mathrm{sx},t}$ 分别为壤中流出流系数和对浅层地下水的补给系数。

3. 地下径流过程

模型分别设置深层和浅层地下水库，并进行快速径流和慢速径流计算，计算公式如下：

$$R_{\mathrm{xf},t}=\alpha_{\mathrm{xk},t}\times Q_{\mathrm{xk},t} \tag{2.2.10}$$

$$R_{\mathrm{xs},t}=\alpha_{\mathrm{xm},t}\times Q_{\mathrm{xm},t} \tag{2.2.11}$$

$$Q_{xk,t}=Q_{xk,t}^0+R_{sx}+Q_{r,t}+Q_{k,t}-Q_{xkt,t} \qquad (2.2.12)$$

$$Q_{xm,t}=Q_{xm,t}^0+Q_{xk,t}\times\beta+Q_{r,t}-Q_{xmt,t} \qquad (2.2.13)$$

式中：$R_{xf,t}$、$R_{xs,t}$ 分别为快速径流与慢速径流，$m^3$；$\alpha_{xk,t}$、$\alpha_{xm,t}$ 分别为浅层地下径流系数与深层地下径流系数；$\beta$ 为浅层补给深层水的系数；$Q_{xk,t}$、$Q_{xm,t}$ 分别为浅层水库与深层水库时段需水量，$m^3$；$Q_{xk,t}^0$、$Q_{xm,t}^0$ 分别为时段初浅层水库与深层水库时段需水量，$m^3$；$Q_{xkt,t}$、$Q_{xmt,t}$ 分别为浅层水库与深层水库人工取水量，$m^3$；$Q_{r,t}$、$Q_{k,t}$ 分别为时段河道、湖库的下渗补给量，$m^3$。

### 4. 蒸散发过程

模型将蒸散发过程分为四个部分，包括土壤水蒸发、植物截留、社会耗水和浅层水蒸发。植物截留部分全部蒸发，社会耗水包括工业、农业、生活和生态四个部分，其中生活与工业的耗水量等于用水量与耗水系数的乘积，农业耗水通过土壤蒸散发计算，生态耗水部分默认全部消耗。本书结合SIMHYD 模型计算方法：

（1）土壤水蒸发。

土壤水蒸发用式（2.2.14）计算：

$$E_{s,t}=\min\left\{\sqrt{\frac{10Q_t}{Q_{sm}}}\times K_{el},E_{m,t}\right\} \qquad (2.2.14)$$

式中：$E_{s,t}$ 为时段土壤水蒸发量，mm；$Q_t$ 为时段末的土壤含水量，$m^3$；$Q_{sm}$ 为土壤最大蓄水容量，$m^3$；$K_{el}$ 为考虑单元植被蒸发调节系数；$E_{m,t}$ 为时段最大蒸发能力，mm。

（2）浅层水蒸发。

当蒸发能力 $E_{m,t}-E_{s,t}$ 还有剩余时，开始浅层水蒸发，计算公式如下：

$$E_{xf,t}=\min\left\{\frac{10Q_t}{Q_{m,t}}\times K_{ek},E_{m,t}-E_{s,t}\right\} \qquad (2.2.15)$$

式中：$E_{xf,t}$ 为时段浅层水蒸发量，mm；$K_{ek}$ 为单元浅层水蒸发调节系数；其余符号含义同前。

（3）人工耗水。

人工耗水中包括城市和农村耗水两个部分，计算公式如下：

$$\begin{cases} E_{1,t} = W_{1,t} \times E_{lc} \\ E_{i,t} = W_{i,t} \times E_{ic} \\ E_{e,t} = W_{e,t} \end{cases} \tag{2.2.16}$$

式中：$E_{1,t}$、$E_{i,t}$、$E_{e,t}$ 分别为居民时段工业、生活、生态耗水量，m³；$W_{1,t}$、$W_{i,t}$、$W_{e,t}$ 分别为居民时段工业、生活、生态用水量，m³；$E_{lc}$、$E_{ic}$ 为耗水系数。

5. 河道汇流过程

模型地表汇流过程采用 SCS 模型线性水库计算方法，计算公式如下：

$$Q_{b,t+1} = d_1 \times R_{b,t} + d_2 \times Q_{b,t} \tag{2.2.17}$$

$$R_{b,t+1} = R_{b,t+1} + (1-d_1) \times R_{b,t} \tag{2.2.18}$$

其中

$$d_1 = \frac{\Delta t}{K_b + 0.5\Delta t} \tag{2.2.19}$$

$$d_2 = \frac{K_b - 0.5\Delta t}{K_b + 0.5\Delta t} \tag{2.2.20}$$

式中：$Q_{b,t}$ 为时段河道内蓄水量，万 m³；$\Delta t$ 为计算时段长；$R_{b,t}$ 为时段地表产流量，m³；$d_1$、$d_2$ 为汇流系数；$K_b$ 为地表径流调蓄系数。

模型子流域径流计算公式：

$$Q_t = Q_{b,t} + R_{xf,t} + R_{xs,t} \tag{2.2.21}$$

式中：各符号含义同前。

## 2.2.3 水资源配置模块

### 1. 水资源系统网络的概述

水资源系统网络图是水资源配置模型构建的基础，用以分析供水、用水、排水、耗水之间的相互联系。水资源系统一般由多水源、多工程、多水传输系统、多用户单元等组成，模型主要以点、线的方式概化区域水资源系统各要素。水资源系统网络图将经济、生态环境和复杂水循环系统简化抽象，以包含若干点、线、面形式的网状图形表示。其中点实体主要包括工程节点、计算单元、水汇节点、控制节点，线实体包括渠道、河道，关系（有向线段）为供水渠道和天然河道流向、污水排放等。

本书主要通过确定研究区域计算单元间汇流关系以及水工程与单元之间的供用水关系确定单元与单元、单元与水库、水库与水库拓扑关系，并生成拓扑关系图。

### 2. 水资源配置原则

水资源配置模块遵照人均用水量趋近、高效用水者优先配水、缺水程度大致均衡的配置策略，以公平、高效和可持续发展为原则合理配置水资源。采用公平性最优和供水缺水率最小的目标函数。

（1）公平性最优。

$$\min F(x) = \sum_{y=1}^{myr} \sum_{n=1}^{12} \sum_{n=1}^{mh} q_h \times GP(X_h) \tag{2.2.22}$$

$$GP(x_h) = \sqrt{\frac{1}{mu-1} \times \sum_{u=1}^{mu} |(x_h^u - \overline{x_h})^2|} \tag{2.2.23}$$

式中：$F(x)$ 为公平目标；$GP(x_h)$ 为公平性函数；$myr$ 为计算时段年数；$n$ 为月数；$mh$ 为区域行业用水类型最大数目；$q_h$ 为行业用户惩罚数；$u$ 为区域中的单元；$mu$ 为区域的最大单元数；$x_h^u$ 为单元 $u$ 中行业用户 $h$ 缺水率；$\overline{x_h}$ 为单元 $u$ 中行业用户 $h$ 缺水率均值。

（2）供水缺水率最小。

$$\min L(x) = \sum_{y=1}^{myr} \sum_{n=1}^{12} \sum_{n=1}^{mh} q_h \times SW(X_h) \tag{2.2.24}$$

$$SW(x_h) = \frac{1}{mu} \times \sum_{u=1}^{mu} |(x_h^u - Sob_h^n)| \tag{2.2.25}$$

式中：$L(x)$ 为供水胁迫目标；$SW(x_h)$ 为供水胁迫函数；$Sob_h^n$ 为区域行业用户 $h$ 的各月胁迫目标函数；其余符号含义同前。

（3）总目标。

对公平性目标和缺水率进行加权求和，得到总目标函数，函数值越小，配置结果越优：

$$T_{总目标} = F(x) \times K_f + L(x) \times K_y \tag{2.2.26}$$

式中：$K$ 为对应权重系数；其余符号含义同前。

（4）约束条件。

模型约束条件包括区域供水能力约束条件、生态流量约束条件。

1）供水能力约束条件：

$$W_{m,t} \leqslant Q_{m,t} \qquad (2.2.27)$$

式中：$W_{m,t}$ 为区域内水源 $m$ 的供水量；$Q_{m,t}$ 为区域内水源 $m$ 的可供水资源量；$t$ 为计算时段。

2）生态流量约束条件：

$$Q_{r,t} \leqslant Q_{rob,t} \qquad (2.2.28)$$

式中：$Q_{r,t}$、$Q_{rob,t}$ 分别为时段 $t$ 河道流量和时段 $t$ 河道生态基流。

### 3. 水资源配置模块基本计算原理

（1）河道供用水水量平衡。

河道供用水水量平衡公式为

$$Q_{h,t} = Q_{h,t-1} + Q_{hc,t} + Q_{h,t,\text{in}} - W_{hb,t} - E_{h,t} - S_{h,t} + W_{hwq,t} \qquad (2.2.29)$$

式中：$Q_{h,t}$ 为河道 $h$ 的水量，$\text{m}^3$；$Q_{h,t-1}$ 为 $t-1$ 时段末河道水量，$\text{m}^3$；$Q_{hc,t}$ 为 $h$ 河道子流域水量，$\text{m}^3$；$Q_{h,t,\text{in}}$ 为 $h$ 河道上游来水，$\text{m}^3$；$W_{hb,t}$ 为 $h$ 河道人工取水量，$\text{m}^3$；$E_{h,t}$、$S_{h,t}$ 分别为 $t$ 时段 $h$ 河道蒸散发量与渗漏损失量，$\text{m}^3$；$W_{hwq,t}$ 为人工污水入河量，$\text{m}^3$。

（2）湖库供用水水量平衡。

湖库供用水水量平衡公式为

$$Q_{k,t} = Q_{k,t-1} + Q_{kc,t} + Q_{k,t,\text{in}} + Q_{kd,t} - W_{kb,t} - E_{k,t} - S_{k,t} + W_{uq,t}$$

$$(2.2.30)$$

式中：$Q_{k,t}$ 为湖库 $k$ 的水量，$\text{m}^3$；$Q_{k,t-1}$ 为 $t-1$ 时段末湖库水量，$\text{m}^3$；$Q_{kc,t}$ 为湖库 $k$ 区域水量，$\text{m}^3$；$Q_{k,t,\text{in}}$ 为湖库 $k$ 上游来水，$\text{m}^3$；$Q_{kd,t}$ 为湖库调入水量；$W_{kb,t}$ 为人工取水量，$\text{m}^3$；$E_{k,t}$、$S_{k,t}$ 分别为 $t$ 时段 $k$ 湖库蒸散发量和渗漏损失，$\text{m}^3$；$W_{uq,t}$ 为下泄水量，$\text{m}^3$。

（3）地下水供用水水量平衡。

地下水供用水水量平衡公式为

$$\begin{cases} Q_{xk,t} = Q_{xf,t-1} + R_{sx,t} - W_{xf,t} - E_{xf,t} - R_{fs,t} - R_{xf,t} \\ Q_{xs,t} = Q_{xs,t-1} + R_{sx,t} - W_{xs,t} - E_{xs,t} - R_{xs,t} \end{cases} \quad (2.2.31)$$

式中：$Q_{xk,t}$ 为时段浅层地下水水量，$m^3$；$Q_{xs,t}$ 为时段深层地下水水量，$m^3$；$Q_{xf,t-1}$ 为 $t-1$ 时浅层地下水水量，$m^3$；$Q_{xs,t-1}$ 为 $t-1$ 时深层地下水水量，$m^3$；$R_{sx,t}$ 为土壤水补给量，$m^3$；$W_{xf,t}$、$W_{xs,t}$ 分别为浅层地下水与深层地下水人工取水量，$m^3$；$E_{xf,t}$、$E_{xs,t}$ 分别为时段浅层地下水与深层地下水的蒸散发量，$m^3$；$R_{fs,t}$ 为浅层补充深层地下水量，$m^3$；$R_{xf,t}$、$R_{xs,t}$ 分别为快速径流和慢速径流，$m^3$。

（4）再生水供用水水量平衡。

再生水供用水水量平衡公式为

$$\begin{cases} W_{bwr,t} = W_{wrl,t} + W_{wri,t} + W_{wrc,t} + W_{wre,t} \\ W_{wq,t} = W_{w,t} - W_{brl,t} \end{cases} \quad (2.2.32)$$

式中：$W_{bwr,t}$ 为时段再生水量，$m^3$；$W_{wrl,t}$、$W_{wri,t}$、$W_{wrc,t}$、$W_{wre,t}$ 分别为再生水生活、工业、农业和生态供水量，$m^3$；$W_{wq,t}$ 为时段 $t$ 内单元污水入河量，$m^3$。

（5）单元供用水水量平衡。

单元供用水水量平衡公式为

$$W_{u,t} = W_{uhb,t} + W_{ukb,t} + W_{uxf,t} + W_{uxs,t} + W_{urew,t} + W_{usea,t} + W_{urain,t} + W_{uoth,t}$$
$$(2.2.33)$$

式中：$W_{u,t}$ 为时段单元用户 $u$ 的供水量，$m^3$；$W_{uhb,t}$ 为时段单元河道供水量，$m^3$；$W_{ukb,t}$ 为时段湖库供水量，$m^3$；$W_{uxf,t}$ 为时段浅层地下供水量，$m^3$；$W_{uxs,t}$ 为时段深层地下供水量，$m^3$；$W_{urew,t}$ 为时段再生水供水量，$m^3$；$W_{usea,t}$ 为时段海水淡化供水量，$m^3$；$W_{urain,t}$ 为时段雨水供水量，$m^3$；$W_{uoth,t}$ 为时段其他非常规水供水量，$m^3$。

**4. 不同水源配置计算**

水源的总供水量＝水源总量×行业分水比

**5. 不同用水户配置计算**

用水户总供水量＝分水源总量×本用水户分水比

## 2.3　WAS-M 股权合作模式下的水资源决策方法

股权合作研究的核心科学问题是如何处理股东权益与债权权益的冲突，实现空间均衡下的人水和谐。其核心目标包括股权权益的确权与优化，空间均衡下的用水安全保障和生态环境的保护与补偿。难点在于对内如何在各股东之间合理、公平地确定股权权益、重构资产；对外如何平衡股权合作体内外关系、优化合作体总体效益、共同分享收益与承担债务。

基于"自然-社会"二元水循环理论思想，股权合作模式下的水资源配置方法研究的主体由两部分组成：股权权益主体与债权权益主体。股权权益主体代表社会侧，包括研究区域内各区域、各行业的用水主体集合，其构成股权合作模式下的集体内部结构；债权权益主体代表自然侧，主要诉求包括域内水资源的合理开发和利用、域外水资源的合理调配和使用、生态环境的有效保护三大方面。水资源作为链接社会经济发展与生态环境建设的纽带，其自然资源资产的稀缺性，决定了股权权益和债权权益的冲突。当社会侧的用水需求大于其可利用的水资源量时，将导致对于生态用水的挤占，将其视以股权合作集体向自然侧债权权益方的负债，而债权权益方理应获得来自股权合作集体的补偿与恢复。研究负债多少与环境保护投入的动态平衡关系，对于维持区域生态可持续发展、构建人水和谐型社会至关重要。

股权合作模式下的水资源配置方法技术路线如图 2.4 所示。

股权合作的核心问题是研究如何在各股东之间合理、公平、有效地分配利益、重构资产；对应于水资源配置领域，各区域、各用水户之间的主要冲突在于如何在不同的水文情势下，兼顾效率与公平地进行水资源配置。将流域可利用水资源作为股权合作博弈下的主要资产，借鉴博弈论中有关破产理论的相关配置策略与准则，构建基于资产重构理念下的水资源配置策略。

博弈论中的破产理论首先由 O′Neill 提出[87]，并在 Thomson 的系统梳理下[75-76]，形成一门主要研究企业破产时债权人之间如何分配企业剩余价值的学科。在公司破产清算时，各债权人所主张的索赔价值之和往往大于可分配的剩余资产，从而导致各债权人之间的利益冲突，在博弈论体系下的破产理论能够很好地解决如何对有限资源进行合理、公平、有效分配的问题。

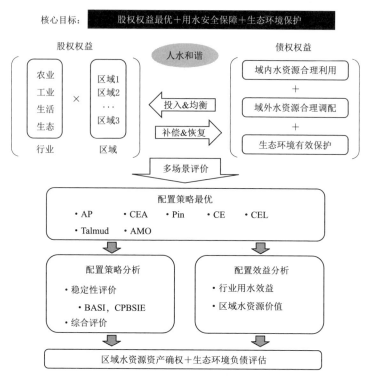

图 2.4 股权合作模式下的水资源配置方法技术路线图

流域内各区域间、各行业间水资源配置主要研究可利用水资源量无法满足所有用水户的需求时，如何兼顾效率与公平地进行分配问题，这与公司破产清算情景具有很多的相似之处。借鉴破产理论，解决水资源配置所面对的水冲突问题，正逐渐引起国内外学者的关注，相较于传统的方法，其具有如下优势：①破产问题的基础设定即可分配的剩余价值不足以偿还所有债务，而水资源分配问题的基本矛盾是可分配的水资源总量无法满足所有用水户的需水要求，其问题的基本出发点相似；②破产理论的分配规则相对简单明确，具有很强的可操作性，更易于水资源分配问题的决策者以及分配单位的使用；③破产理论基于博弈论思想，能够较好地反映权益人的个体和群体理性。

## 2.3.1 基本假定

在 $t$ 时期，一个流域由 $n$ 个区域构成，每个区域有唯一编号 $i$，$i \in n$，可用于分配的水资源总量为 $E$，各区域对该流域的水资源贡献总量为 $A$，各区域的需水总量为 $C$，则各变量之间有如下关系：

$$E = \sum_{i=1}^{n} x_i \qquad (2.3.1)$$

$$A = \sum_{i=1}^{n} a_i \qquad (2.3.2)$$

$$C = \sum_{i=1}^{n} c_i \qquad (2.3.3)$$

其中

$$E \leqslant C \qquad (2.3.4)$$

$$0 \leqslant x_i \leqslant c_i \qquad (2.3.5)$$

式中：$x_i$ 为最终分配给区域 $i$ 的水资源量；$a_i$ 为区域 $i$ 对流域的水资源贡献量；$c_i$ 为区域 $i$ 的水资源需求量。

在进行破产理论计算的过程中，本书提出改进的最小重叠决策分配准则（M7），并对比 6 种传统经典决策分配准则（M1～M6），进行综合分析，见表 2.1。

表 2.1　　　　　　　　　水资源决策分配准则一览表

| 序号 | M1 | M2 | M3 | M4 | M5 | M6 | M7 |
|---|---|---|---|---|---|---|---|
| 决策方法 | 同比例准则 | 改进的同比例准则 | 同收益准则 | 同损失准则 | Piniles准则 | Talmud准则 | 改进的最小重叠准则 |
| 简称 | P | AP | CEA | CEL | Pin | T | AMO |

## 2.3.2　改进的最小重叠准则（AMO）

最小重叠准则（minimal overlap rule，MO）最早由 O'Neill[87] 根据 12 世纪 Ibn Ezra 的房产分配故事引申而来。结合水资源分配实际情况，本书对其进行改进，改进思路为，将缺水量（$C-E$）视为争议部分，对其应用 MO 准则进行分配，区域用户的配水量 $x_i$ 为其需水量减去应承担的缺水量，具体分配步骤如下。

（1）对于 $N$ 个区域用水户的需求的索赔主张进行从小到大排列，新的序列记为：$k = 1, 2, \cdots, N$。

（2）将缺水量（$C-E$）按照特定的"单位"进行分割，使得第 $N$ 个用水户的承担"单位"最大。则每个"单位"的大小可以表示为（$C-E$）/$c_n$，第 $k$ 个用水户应承担的缺水"单位"量记为 $E_k(c)$。

（3）对于每个"单位"，在所有主张承担该"单位"量的用水户之间均分。

（4）每个用水户可获得的水资源量 $x_i$ 为其需水量减去其主张承担的各"单位"量分配给他的部分之和。

设在该准则下的实际分配量为 $MO(x_k)$，分配公式可表示为

$$\begin{cases} MO(x_1)=c_1-\dfrac{E_1(c)}{n} \\[2mm] MO(x_2)=c_2-\dfrac{E_2(c)-E_1(c)}{n-1} \\[2mm] \vdots \\[2mm] MO(x_k)=c_k-\dfrac{E_k(c)-E_{k-1}(c)}{n-1} \\[2mm] \vdots \\[2mm] MO(x_n)=c_n-E_n(c)+E_{n-1}(c) \end{cases} \tag{2.3.6}$$

（5）检查每个用水户获得水资源量所对应的缺水率，如果缺水率大于行业平均缺水率的 1.6 倍，则按照 1.6 倍缺水率进行供水。其他用水户则对剩余缺水量重复上述步骤，直至全部满足要求。

## 2.3.3　经典决策分析方法

### 1. 同比例准则（P）

同比例准则（proportional rule，P）是最简单的分配方案，其分配思想为根据各区域的需水量占可分配水资源量的比例进行分配。

设在该准则下的实际分配量为 $P(x_i)$，分配公式可表示为

$$P(x_i)=\lambda c_i \tag{2.3.7}$$

其中 $$\lambda=\frac{E}{C} \tag{2.3.8}$$

式中：$\lambda$ 为同比例分配系数；其余符号含义同前。

### 2. 改进的同比例准则 (AP)

在同比例准则的基础上，Curiel 等[88] 提出了经调整的同比例准则 (adjusted proportional rule，AP)。其分配思想为，首先给各区域无争议供水配额（在其他区域的用水需求都满足的情况下，本区域可获得的水资源量），在满足无争议配额后，再对剩余的部分使用同比例准则进行分配。

设每个区域的无争议供水配额为

$$\min(c,E) \geqslant \max\Big\{E - \sum_{j \in N \setminus \{i\}} c_j, 0\Big\} \tag{2.3.9}$$

该准则下的实际配水量为 $AP(x_i)$，分配公式可表示为

$$AP(x_i) = m(c,E) + P\big[(\min\{c_i - m_i(c,E), E - \sum m_j(c,E)\})_{i \in N}, E$$
$$- \sum m_j(c,E)\big] \tag{2.3.10}$$

式中：$j$ 属于除区域 $i$ 之外的其他区域合集 $N \setminus \{i\}$。

### 3. 同收益准则 (CEA)

同收益准则 (constrained equal awards rule，CEA) 将公平性作为首要考虑要素，向所有区域用水户分配相等的水资源量，但没有用水户会收到超过其需水量的配水。

设在该准则下的实际分配量为 $CEA(x_i)$，分配公式可表示为

$$CEA(x_i) = \min\{c_i, \lambda\} \tag{2.3.11}$$

其中 $\lambda$ 需满足：

$$\min\{c_i, \lambda\} = E \tag{2.3.12}$$

### 4. 同损失准则 (CEL)

同损失准则 (constrained equal losses rule，CEL) 与同收益准则相反，追求所有区域用水户的损失额度（缺水量）相同，但没有用水户的配水量会为负数。

设在该准则下的实际分配量为 $CEL(x_i)$，分配公式可表示为

$$CEL(x_i) = \max\{0, c_i - \lambda\} \tag{2.3.13}$$

其中 $\lambda$ 需满足：

$$\max\{0, c_i - \lambda\} = E \tag{2.3.14}$$

### 5. Piniles 准则 (Pin)

Piniles 准则 (Piniles'rule, Pin) 由 Piniles 提出，该准则可理解为对同收益准则 (CEA) 的"双重"应用[89]。首先，判断各区域的可支配水资源量是否满足需水总量的一半；如果少于一半，就使用 CEA 准则；否则，每个区域首先获得其需水量的一半，然后剩余水量再按照 CEA 准则来划分。

在该准则下的实际分配量为 $CEL(x_i)$，分配公式可表示为

$$Pin(x_i)=\begin{cases} CEA_i\left(\sum\dfrac{c}{2},E\right), & \sum\left(\dfrac{c_i}{2}\right)\leqslant E \\ \dfrac{c_i}{2}+CEA_i\left[\dfrac{c}{2},E-\sum\left(\dfrac{c_i}{2}\right)\right], & \sum\dfrac{c_i}{2}>E \end{cases} \tag{2.3.15}$$

### 6. Talmud 准则 (T)

Talmud 准则 (Talmud rule，T) 由 Aumann 与 Maschler 最终完善[90]。该准则是对同收益准则 (CEA) 和同损失准则 (CEL) 的混合使用。首先，判断各区域的可支配水资源量是否满足需水总量的一半：如果少于一半，则使用同损失准则 (CEL)；如果大于一半，则使用同收益原则 (CEA)。

设在该准则下的实际分配量为 $T(x_i)$，分配公式可表示为

$$T(x_i)=\begin{cases} \min\left\{\dfrac{c_i}{2},\lambda\right\}, & 若\sum\left(\dfrac{c_i}{2}\right)\geqslant E，其中\sum\min\left\{\dfrac{c_i}{2},\lambda\right\}=E \\ c_i-\min\left\{\dfrac{c_i}{2},\lambda\right\}, & 若\sum\left(\dfrac{c_i}{2}\right)\geqslant E，其中\sum c_i-\min\left\{\dfrac{c_i}{2},\lambda\right\}=E \end{cases}$$

$$\tag{2.3.16}$$

## 2.4　WAS - MAC 水资源调配评价方法

针对水资源系统优化调配方案，设计供水安全保障和经济最优双层评价指标体系，具体包括供水稳定性评价和用水效益评价两个方面。

## 2.4.1 供水稳定性评价

### 1. 基于"权力指数"的稳定性评价

"权力指数"由 Loehman 等[91] 提出，用以评估合作博弈问题中参与者的权力大小，从而为合作联盟中成员之间合理分配增量利益提供依据。权力指数可以有效反映参与方的贡献大小和合作意愿，当参与者之间的权力分配越平均（权力指数越趋同），整个合作系统越稳定，由此 Ariel 等[92] 提出了基于权力指数的稳定性评价指标：

$$S_\alpha = \frac{\sigma_\alpha}{\overline{\alpha}} \tag{2.4.1}$$

式中：$S_\alpha$ 为稳定指数；$\sigma_\alpha$ 为各参与方权力指数的标准差；$\alpha$ 为权力指数；$\overline{\alpha}$ 为各参与方权力指数的平均值。

Madani 等[93] 针对破产理论的实际情况，提出了改进的权力指数（modified power index，MPI），其表达式如下：

$$MPI_i = \frac{x_i - l_i}{\sum_{i \in N}(x_i - l_i)}, \sum_{i \in N} MPI_i = 1 \tag{2.4.2}$$

$$l_i = \frac{E - R_i + |E - R_i|}{2}, \ i \in N \tag{2.4.3}$$

式中：$MPI_i$ 为区域 $i$ 的权力指数；$l_i$ 为区域 $i$ 的无争议需水配额；$R_i$ 为不包括区域 $i$ 的所有其他区域需水量总和。

从而得到，在破产理论下的稳定性指数（the bankruptcy allocation stability index，BASI）可表示为

$$BASI = \frac{\sigma_{MPI}}{\overline{MPI}} \tag{2.4.4}$$

式中：$\sigma_{MPI}$ 为各区域权力指数的标准差；$\overline{MPI}$ 为各区域权力指数的平均值。

BASI 值越小，说明该种配置方案越稳定。

### 2. 基于折衷规划法的稳定性评价

孙冬营等[83] 基于折衷规划法，提出另一种带权重的水资源配置稳定性

的指标 CPBSI，用以评价破产理论下的水资源配置结果。该指标将区域位置、该区域对于流域的水资源贡献大小纳入评价因素，建立 CPBSI 的计算公式如下：

$$CPBSI = \sum_{i \in N} \omega_i \left( \frac{x_i - c_i}{c_i} \right)^2 \qquad (2.4.5)$$

$$\omega_i = \frac{1}{n} \left( \frac{a_i}{\sum\limits_{i=1}^{n} a_i} + 1 - \frac{c_i}{\sum\limits_{i=1}^{n} c_i} \right) \qquad (2.4.6)$$

同 BASI 一样，CPBSI 越小，说明该配置方案越稳定。

3. 区域综合稳定性评价

在不同的水资源配置策略下，得到的稳定性评价指数将不同，为便于综合考察区域总体的水资源配置稳定性情况，需要对同一策略下不同用水户的稳定性指标进行综合归一化。分别建立基于 BASI 和 CPBSI 的综合稳定性评价公式如下：

$$BASI_{\text{gen}} = \sqrt[3]{BASI_{\text{agr}} \cdot BASI_{\text{ind}} \cdot BASI_{\text{dom}}} \qquad (2.4.7)$$

$$CPBSI_{\text{gen}} = \sqrt[3]{CPBSI_{\text{agr}} \cdot CPBSI_{\text{ind}} \cdot CPBSI_{\text{dom}}} \qquad (2.4.8)$$

式中：$BASI_{\text{gen}}$、$BASI_{\text{agr}}$、$BASI_{\text{ind}}$、$BASI_{\text{dom}}$ 分别为综合、农业、工业、生活的 BASI 指数；$CPBSI_{\text{gen}}$、$CPBSI_{\text{agr}}$、$CPBSI_{\text{ind}}$、$CPBSI_{\text{dom}}$ 分别为综合、农业、工业、生活的 CPBSI 指数。

综合指数越低，整体方案稳定性越好。

## 2.4.2　用水效益评价

水对经济活动的贡献和作用，通常通过用水效益（即：单位水资源量可以产生的经济价值）加以表征[94]。结合实际情况和场景设置要求，采用广义的用水效益来衡量水对社会经济活动的贡献大小，即：在不考虑其他生产要素的投入产出以及供水成本的情况下，单方水可带动的产业增加值的大小。

1. 产业用水效益

农业、工业、生活用水效益公式分别为

$$v_{i,\text{agr}} = \frac{TV_{i,\text{agr}}}{c_{i,\text{agr}}} \qquad (2.4.9)$$

$$v_{i,\text{ind}} = \frac{TV_{i,\text{ind}}}{c_{i,\text{ind}}} \qquad (2.4.10)$$

$$v_{i,\text{dom}} = \frac{TV_{i,\text{dom}}}{c_{i,\text{dom}}} \qquad (2.4.11)$$

$$c_i = c_{i,\text{agr}} + c_{i,\text{ind}} + c_{i,\text{dom}} \qquad (2.4.12)$$

式中：$v_{i,\text{agr}}$ 为区域 $i$ 的农业用水的经济效益；$TV_{i,\text{agr}}$ 为区域 $i$ 的第一产业增加值；$c_{i,\text{agr}}$ 为区域 $i$ 的农业需水水量；$v_{i,\text{ind}}$ 为区域 $i$ 的工业用水的经济效益；$TV_{i,\text{ind}}$ 为区域 $i$ 的第二产业增加值；$c_{i,\text{ind}}$ 为区域 $i$ 的工业用水量；$v_{i,\text{dom}}$ 为区域 $i$ 的生活用水的经济效益；$TV_{i,\text{dom}}$ 为区域 $i$ 的第三产业增加值；$c_{i,\text{dom}}$ 为区域 $i$ 的生活用水量。

### 2. 区域用水价值

不同场景和不同水资源配置策略下，区域所获得的实际供水量不同，可带动的经济价值也不同，为便于综合考察不同配置策略对区域经济社会的影响，需计算区域用水总价值，计算公式如下：

$$V_i = v_{i,\text{agr}} \cdot x_{i,\text{agr}} + v_{i,\text{ind}} \cdot x_{i,\text{ind}} + v_{i,\text{dom}} \cdot x_{i,\text{dom}} \qquad (2.4.13)$$

$$x_i = x_{i,\text{agr}} + x_{i,\text{ind}} + x_{i,\text{dom}} \qquad (2.4.14)$$

式中：$V_i$ 为区域 $i$ 的用水价值；$x_{i,\text{agr}}$、$x_{i,\text{ind}}$、$x_{i,\text{dom}}$ 分别为区域 $i$ 的农业、工业、生活供水量；其余符号含义同前。

### 3. 区域环境负债

根据"自然-社会"二元水循环理论，社会侧的经济发展离不开自然侧的水资源支撑，同时社会侧用水的取用耗排过程也会影响天然径流过程，对自然生态环境造成冲击。根据微观经济学中"资产＝负债＋所有者权益"的二维分类平衡恒等式，在尊重现状、满足基本生态环境的需求下，将本区域内可利用水资源开发利用的基本格局作为"所有者权益"，将其可以带动的价值视为区域内用户的股权投入。当区域内可利用水资源量无法满足经济社会侧用水时，需要通过域外调水、过境河流取水、开采深层地下水等途径解决，将除去本区域可利用水资源量以外的水资源开发利用视为对生态环境系统的"负债"。可以得到区域水资源资产的恒等式：

$$TV = V + D \qquad (2.4.15)$$

$$TV = TV_{agr} + TV_{ind} + TV_{dom} \qquad (2.4.16)$$

式中：$TV$ 为区域水资源总资产；$V$ 为区域用水户的应得权益（股权权益）；$D$ 为区域环境总负债；$TV_{agr}$、$TV_{ind}$、$TV_{dom}$ 分别为第一产业、第二产业、第三产业增加值。

则区域环境负债可以表示为

$$D = \sum_{i=1}^{n} d_i \qquad (2.4.17)$$

$$d_i = V_i - V_{i,in} \qquad (2.4.18)$$

式中：$D$ 为区域总环境负债；$d_i$ 为区域 $i$ 的环境负债；$V_{i,in}$ 为使用流域内可利用水资源量带来的经济价值。

为保证区域可持续发展，区域政府或主管部门应拿出部分财政资金用以进行环境保护方面的投入，以弥补生态环境的损失。则区域"自然-社会"二元系统的收益可以表示为

$$Earn = Int_i - D \qquad (2.4.19)$$

式中：$Earn$ 为区域收益值；$Int_i$ 为区域环境投入额度；其余符号含义同前。

当区域收益值大于 0 时，说明区域系统有盈余，生态环境处于良性发展之中，如果区域收益值小于 0，说明区域系统处于赤字状态，将不利于生态环境可持续发展。

### 4. 负债率及环境投入率

为更好地评价股权合作模式下的区域水资源配置效益，引入环境负债率的概念，即用环境负债占使用流域内水资源带来的价值的比率来衡量一个地区的水资源开发效益。其公式为

$$\gamma_i = \frac{d_i}{TV_i} \times 100\% \qquad (2.4.20)$$

式中：$\gamma_i$ 为区域 $i$ 的环境负债率；$TV_i$ 为区域 $i$ 的水资源总资产。

引入环境投入率的概念，即政府对于环境保护的投入占产业增加值的比率，体现区域政府对于生态环境保护的重视程度和力度，衡量区域对于水资源保护的贡献大小。其公式为

$$\rho_i = \frac{Int_i}{TV_i} \times 100\%$$ (2.4.21)

式中：$\rho_i$ 为区域 $i$ 的环境投入率。

政府对于环境保护投入的合理区间，应根据不同地域、不同经济发展水平下分析论证，但目前国内缺乏相关方面的研究。为确定合理区间，可参考全国环境投入情况予以综合确定。通过对比环境负债率与环境投入率，可有效判断区域环境资源开发利用强度，为政府决策提供支持与参考。

# 第3章

# 研究区概况

## 3.1 区域自然概况

### 3.1.1 自然地理

鄂州市位于鄂东南，长江中游南岸，西接武汉，东连黄石，北与黄冈隔江相望，南同咸宁濒湖毗邻。辖鄂城、华容、梁子湖 3 个县级行政区和葛店、鄂州 2 个国家级经济开发区，以及凤凰、古楼、西山 3 个直管街道办事处和 21 个乡镇。总面积 1594km²，其中山区面积 200km²，丘陵面积 600km²，平原湖区面积 794km²；耕地面积 61.38 万亩。是湖北省委省政府确定的"两型社会"综合配套改革示范区和城乡一体化试点地区。

### 3.1.2 地形地貌

鄂州市地处幕阜山脉的边缘，东部和南部新城局部丘陵低山地带，北部沿江属垄岗平原，中部湖泊星罗棋布，地势低洼，为水网湖区，西南濒临梁子湖，是低丘岗地。全市地形多样，地貌复杂，境内地貌大体可分为丘陵、垄岗、平原、滩地、湖泊等五大类型；地势走向大体为东南高、西北低，中部平坦；全市地形海拔 30m 以下占有 76.7%，30～50m 之间占 13.9%，

50～120m 之间仅占 6.4%，120m 以上仅占 3.0%，市内最高点是汀祖境内的四峰山，海拔高程 485.8m（吴淞高程，下同），最低处在梁子湖的梁子门，海拔高程 11.7m。人口主要居住在 30m 高程线以下，且居住密度较大，一般以 100～300 人为自然村群居。耕地主要分布在西部、中部、南部及东部的平原地区，林地集中分布在东南部中高丘陵区，湖泊主要分布于中部和西南部。

## 3.1.3 水文气象

鄂州市属亚热带季风气候区，呈现初夏多雨、秋伏干旱的气候特点。按湖北省第二次水资源评价成果（1956—2000 年系列），全市年平均降雨量 1348.56mm，降雨总量 21.49 亿 m³；降雨主要集中在 4—8 月，5 月、6 月最多。全市年平均日照时数 2038h，年平均气温 17.1℃，最高气温 40.7℃，最低气温 −12.4℃；无霜期 266 天。

春季（3 月至 5 月中旬）气候特征：升温快、雨日多、天气变化剧烈。夏季（5 月至 7 月上旬）气候特征：初夏，暴雨多、湿度大、雨量集中；盛夏（7 月中旬至 8 月）后：晴热少雨、高温高湿，日照强，蒸发大。秋季（9—11 月）气候特征：秋高气爽，晴多少雨。秋季是夏季向冬季过渡的季节，北方冷空气迅速南下，本地常受单一的冷气团控制，气温比较稳定，有利于秋收秋播。入秋后，气温下降比较快。冬季（12 月至次年 2 月）气候特征：寒冷少雨，气候干燥，以偏北风为主。寒潮过后天气回暖时，早晚有霜冻现象。

## 3.1.4 河流水系

鄂州市属于丘陵滨湖地区，境内湖网纵横，湖泊众多，素称"百湖之市"之称。全市河网密度 0.381km/km²，远高于全省平均水平。水域面积 64.5 万亩，约占全市总面积的 27%。湿地面积 94.5 万亩，占全市总面积的 39.48%，湖泊湿地面积 34.35 万亩。湖泊 119 个，纳入湖北省两批保护名录湖泊 52 个，主要湖泊有梁子湖、花马湖、洋澜湖、南迹湖等。境内河流湖泊形成四大水系，即梁子湖水系、花马湖水系、洋澜湖水系和南迹湖水系。长江在鄂州市境内长 77.5km，年平均流量 23800m³/s，有丰富的过境水资源。全市主要河流水系见图 3.1。

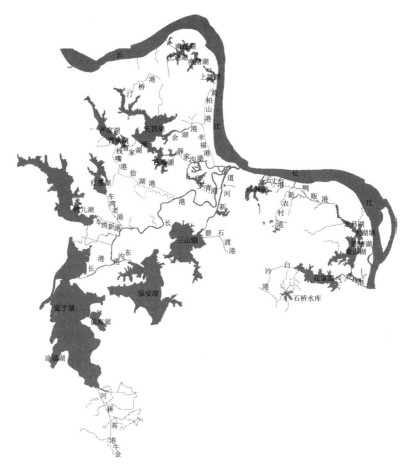

图 3.1   鄂州河流水系

# 3.2   社会经济概况

## 3.2.1   人口及行政区划

鄂州市辖鄂城、华容、梁子湖 3 个县级行政区和葛店、鄂州 2 个国家经济开发区,以及凤凰、古楼、西山 3 个直管街道办事处及葛店经济开发区、鄂州经济开发区;18 个建制镇、3 个乡、316 个行政村、4027 个村民小组,2017 年鄂州市人口统计见表 3.1。

表 3.1 鄂州市人口统计表(2017 年)

| 地 区 | 总户数/户 | 年末户籍总人口/万人 |
|---|---|---|
| 全市 | 361876 | 110.77 |
| 鄂城区 | 106930 | 35.42 |
| 华容区 | 61759 | 18.45 |
| 梁子湖区 | 52113 | 18.88 |
| 葛店开发区 | 32540 | 7.96 |
| 鄂州开发区 | 11280 | 3.24 |
| 凤凰街道办 | 39598 | 10.26 |
| 古楼街道办 | 37185 | 9.32 |
| 西山街道办 | 28273 | 7.25 |

注 葛店开发区、鄂州开发区分别指葛店经济开发区和鄂州经济开发区;街道办是街道办事处的简称,下同。

鄂城区辖汀祖、碧石渡、泽林、燕矶、杜山、新庙、沙窝、花湖、杨叶、长港等 10 个乡镇;华容区辖庙岭、华容、段店、临江、蒲团等 5 个乡镇;梁子湖区辖东沟、太和、涂家垴、沼山、梁子等 5 个乡镇;葛店开发区辖葛店镇。

2017 年年末,全市总人口为 110.77 万人,比上年末减少 0.42 万人;常住人口 107.69 万人,全年人口出生率为 13.4‰,死亡率为 5.7‰,自然增长率为 7.7‰。全市有汉、蒙古、回、苗、藏、壮、朝鲜、满、侗、瑶、白、土家、高山、水、纳西、锡伯、傈僳等 20 多个民族。

## 3.2.2 经济发展情况

### 1. 地区生产总值

鄂州市为湖北省省辖市之一,是武汉城市圈的重要组成部分,2017 年鄂州市全市实现生产总值 905.92 亿元，按可比价格计算，比上年增长 8.6%。其中，第一产业 102.05 亿元，比上年增长 3.9%；第二产业 477.43 亿元，比上年增长 8.1%；第三产业 326.44 亿元，比上年增长 11.3%，见表 3.2。按常住人口计算，全市人均生产总值达到 84452 元，比上年增长 12.6%，区域经济发展步伐加快。鄂州市生产总值分项统计见表 3.2。

表 3.2　　　　　　　　　　　鄂州市生产总值分项统计表

| 项　　目 | 2016 年 | 2017 年 |
|---|---|---|
| 地区生产总值/亿元 | 797.82 | 905.92 |
| 第一产业/亿元 | 97.21 | 102.05 |
| 第二产业/亿元 | 434.58 | 477.43 |
| 工业/亿元 | 391.48 | 425.38 |
| 建筑业/亿元 | 43.10 | 52.05 |
| 第三产业/亿元 | 266.03 | 326.44 |
| 人均地区生产总值/元 | 74983 | 84452 |

2. 工业

中华人民共和国成立后，党和人民政府从鄂州的资源优势出发，对鄂州进行了重点投资开发建设，相继兴办了一批重点企业，其中包括武汉钢铁公司的重要矿山——程潮铁矿，湖北省最大的地方钢铁基地鄂城钢铁厂，国内有名的立窑水泥厂——鄂城水泥厂。今日鄂州已是鄂东"冶金走廊"和"建材走廊"中的重要一环。

1983 年鄂州市成立以后，在巩固提高冶金、建材、机械等基础工业的同时，大力发展了食品、纺织、服装、轻工等新兴产业，逐渐成为产业结构比较协调、产品布局比较合理的新兴工业城市。已动工的装机容量 120 万 kW 的鄂州电厂建设起来后，鄂州又将成为鄂东南的重要能源基地。

以钢铁为主体的冶金工业，以服装和纺织为主体的纺织工业，以陶瓷、水泥和新型建筑材料为主体的建材工业，以机床、模具和汽车零部件为主体的机械工业，以锶盐、化肥、精细化工为主体的化学工业，以食品、造纸和日用消费用品为主体的轻工业，以新型抗生素、生化药品、中成药为主的医药工业。

2017 年鄂州工业生产总值 425.38 亿元，比上年增长 33.9 亿元，同比增长 8.7％，工业发展良好，对比 2010 年增长 211.88 亿元，增长了 99.2％。

### 3. 农业

鄂州农业十分发达，是名副其实的江南鱼米之乡。市域内，湖泊、库塘星罗棋布，港汊沟渠连成网络，共有水域面积近 50 万亩，可养殖面积 30 多万亩，适于养鱼、育蚌、植莲，是驰名海内外的武昌鱼的故乡。

鄂州市属亚热带季风气候过渡区，四季分明。土地肥沃，雨量充沛，气候温和，具有发展种养业的良好条件。全市有稻、麦、豆等农作物品种 200 多个，银鱼、胭脂鱼、螃蟹等水生动物 100 余种，莲、菱、芡实等水生植物 20 多种，猪、牛、羊等畜禽品种近百个，杨、柳、松等树木数百种，主产粮、棉、油，也是湖北省珍珠、螃蟹、菱头等农副产品的重要出口基地。

2017 年鄂州农业生产总值 160.6 亿元，比上年增长 7.26 亿元，同比增长 4.7％，2010—2017 年平均增长 8.28％。

### 4. 第三产业

近年来，鄂州市经济高速发展，全市上下紧紧抓住中部崛起和武汉城市圈建设的历史机遇，经济发展迈上新台阶。招商引资实现新突破，先后引进了一大批知名企业入驻鄂州，使鄂州服务业发展迅速。2017 年鄂州第三产业生产总值 326.44 亿元，比上年增长 60.41 亿元，同比增长 22.7％，第三产业发展良好。

## 3.3 区域水资源分析

### 3.3.1 测站资料

鄂州市域内，1956—2017 年期间水文站资料较为匮乏，全市仅有 1 座樊口水文站，建于 1956 年。本书主要采用樊口水文站 1956—2017 年实测径流资料和相关水资源公报、取用水以及水文站资料，采用趋势分析方法插补了其中 4 年的缺测数据；同时，为了开展径流还原计算，还收集了鄂州市域内水利工程、历年耕地面积、灌溉面积、灌溉定额及渗漏回归分析资料，水库、湖泊历年蓄水变量，以及跨流域引出、引入水量，城市工业用水及生活用水的典型调查资料等。樊口水文站资料情况见表 3.3。

表 3.3　　　　　　　　　樊口水文站资料情况

| 水文站 | 实测 | | 插　补 | | 系列年数 |
|---|---|---|---|---|---|
| | 年份 | 年数 | 年份 | 年数 | |
| 樊口 | 1956—2017 | 56 | 1958—1959、1989、2000 | 4 | 60 |

## 1. 樊口站径流还原计算

本书以《全国水资源综合规划技术细则》为指导，对所选的樊口水文站实测径流进行还原计算。径流还原计算依据所获实测水文资料及水量调查结果，采用分项调查分析法，水量平衡方程式为

$$W_天 = W_{实测} + W_{农耗} + W_{工业} + W_{生活} \pm W_蓄 \pm W_{引水} \pm W_{分洪} \pm W_{其他}$$

(3.3.1)

式中：$W_天$ 为还原后的天然径流量；$W_{实测}$ 为水文站实测径流量；$W_{农耗}$ 为农业灌溉耗损量；$W_{工业}$ 为工业用水耗损量；$W_{生活}$ 为城镇生活用水耗损量；$W_蓄$ 为水库蓄水变量，增加为正，减少为负；$W_{引水}$ 为跨流域（或跨区间）引水量，引出为正，引入为负；$W_{分洪}$ 为河道分洪决口水量，分出为正，分入为负；$W_{其他}$ 为其他还原项，可根据各站具体情况而定。

通过收集鄂州市统计年鉴、湖北省统计年鉴以及相邻省统计年鉴、1985年以来的 5 期遥感土地利用图（1985 年、1990 年、1995 年、2000 年以及2014 年），以及实地勘察的土地利用资料，通过遥感反演解译，确定得出樊口水文站控制流域及鄂州市樊口控制区域的土地利用及种植结构；结合《湖北省灌溉用水定额》《鄂州市灌溉用水定额》等统计资料和相关的田间灌溉水利用系数等，计算得出樊口水文站控制区域的农业耗水量。综合以上计算获得樊口站控制流域农业耗水量为 1.87 亿 $m^3$。

工业用水和生活用水的耗损量根据工矿企业和生活区的水平衡测试、废污水排放量监测和典型调查等有关资料，对工业用水量、工业经济指标、工业耗水率等资料收集，分析确定耗损率，由于工业和生活的耗损水量年内变化不大，按年计算还原水量，平均分配到各月。综合获得 1980—2017 年以来工业和生活用水的消耗量为 1.58 亿 m³。

根据鄂州市水资源公报统计，近些年并不存在跨流域调水，为此本书不做该项还原。

本书考虑湖泊中型水库对降水的调蓄作用，并采用 1980—2017 年 Google Earth 遥感影像数据分析，综合获得 1980—2017 年以来蓄变量平均值为 1.09 亿 m³。

综合以上各还原项，由于鄂州市及周边地区经济发展状况比较发达，农业、工业耗水量较大，人口密度相对较大，对水资源消耗较大，2007—2017 年樊口站控制流域内平均耗水量共计 4.54 亿 m³，占樊口水文站平均实测径流量的 29%。根据《全国水资源综合规划技术细则》规定，对樊口水文站实测径流量进行还原计算，具体天然径流量与实测径流量如图 3.2 所示。

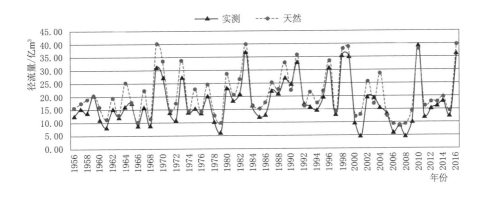

图 3.2 天然径流量与实测径流量对比图

### 2. 径流系列一致性分析

由于下垫面条件受人类活动影响，为研究降雨径流机制是否发生重大差异，需进行径流一致性分析，具体分析方法及内容如下。

（1）在单站还原计算的基础上，点绘樊口水文站面平均年降水量与天然年径流深的相关图。

（2）通过点群中心分别绘制 1956—1979 年和 1980—2017 年两个系列的降水-径流关系曲线，如图 3.3 所示。图中虚线代表 1956—1979 年的降水-径流关系，实线代表 1980—2017 年的降水-径流关系，两根曲线之间的横坐标距离即为年径流变化值。

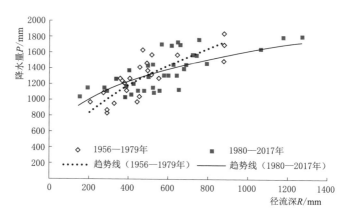

图 3.3　樊口水文站降水-径流相关图（还原前）

（3）年径流衰减率：选定代表年降水值，从图 3.3 中两曲线上查出对应的两个年径流深值 $R_1$ 和 $R_2$，计算年径流衰减率。

$$\alpha = (R_1 - R_2)/R_1 \tag{3.3.2}$$

式中：$\alpha$ 为年径流衰减率；$R_1$ 为 1956—1979 年下垫面条件的年径流深；$R_2$ 为 1980—2017 年下垫面条件的年径流深。

（4）一致性分析：樊口站年径流衰减率较大，说明流域下垫面变化对径流变化影响较大。因此，需对天然年径流进行还现一致性修正，以反映近期下垫面条件的天然年径流系列。

（5）径流量还现一致性修正：对径流资料进行修正，经过 1956—2017 年径流修正系数与对应修正前的天然年径流量计算得出修正后的径流量。修正后的降水-径流关系见图 3.4。年降水量和年径流深的双累积曲线（图 3.5）作为目前反映水文气象要素一致性最简单、最直观和最广泛采用的方法，也反映出修正后的一致性。

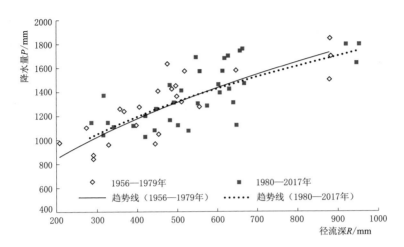

图 3.4 樊口水文站降水-径流相关图（修正后）

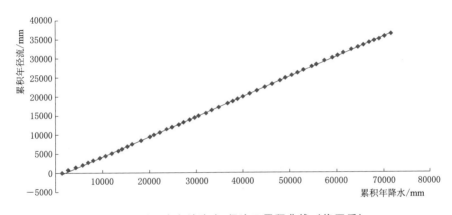

图 3.5 樊口水文站降水-径流双累积曲线（修正后）

## 3.3.2 水资源分析

### 1. 本地水资源量

从地域分布看，地表水资源主要集中在梁子湖水系，之后依次为花马湖水系、南迹湖水系、洋澜湖水系，分别占全市总量的 75.67%、18.08%、3.35% 和 2.91%，洋澜湖水系地表水资源量最小。

　　在行政分区上，鄂城区、梁子湖区和华容区占据了鄂州市的前三位，三个区域地表水资源量占全市总量的 89.14%。鄂州市地表水资源量及占比见表 3.4 和图 3.6。

表 3.4　　　　　　　　　　　　鄂州市地表水资源量

| 行政分区 | 计算面积 /km² | 1956—2017 年多年平均值 | | | Cv | 不同频率年径流量/亿 m³ | | | |
|---|---|---|---|---|---|---|---|---|---|
| | | 年径流深 /mm | 径流量 /亿 m³ | 占比 /% | | 20% | 50% | 75% | 95% |
| 鄂城区 | 513.91 | 650.36 | 3.34 | 32.36 | 0.38 | 4.3 | 3.13 | 2.41 | 1.68 |
| 华容区 | 413.15 | 643.97 | 2.66 | 25.78 | 0.39 | 3.44 | 2.48 | 1.9 | 1.31 |
| 梁子湖区 | 495.96 | 645.25 | 3.20 | 31.01 | 0.39 | 4.14 | 2.99 | 2.29 | 1.56 |
| 葛店开发区 | 79.60 | 645.20 | 0.51 | 4.94 | 0.39 | 0.66 | 0.48 | 0.36 | 0.25 |
| 鄂州开发区 | 42.53 | 640.68 | 0.27 | 2.62 | 0.38 | 0.35 | 0.25 | 0.19 | 0.14 |
| 凤凰街道办 | 27.83 | 648.14 | 0.18 | 1.74 | 0.38 | 0.23 | 0.17 | 0.13 | 0.09 |
| 古楼街道办 | 4.23 | 648.14 | 0.03 | 0.29 | 0.38 | 0.04 | 0.03 | 0.02 | 0.02 |
| 西山街道办 | 19.25 | 653.06 | 0.13 | 1.26 | 0.39 | 0.17 | 0.12 | 0.09 | 0.06 |
| 鄂州市 | 1596.46 | 646.68 | 10.32 | 100.00 | 0.38 | 13.28 | 9.66 | 7.45 | 5.20 |

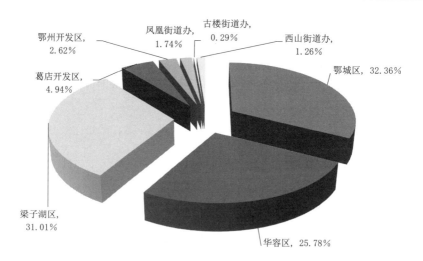

图 3.6　鄂州市地表水资源量占比

鉴于鄂州市面积较小，各乡镇及流域片区同年频率差异较小。因此，本书评价按照全市降水进行统一排频，计算各评价单元不同频率年地表水资源量，见表3.5。

表 3.5 　　　　　　　　鄂州市地表水资源量（按全市降水排频）

| 水资源分区 | 计算面积/km² | 1956—2017 年多年平均值 | | | Cv | 不同频率年径流量/亿 m³ | | | |
|---|---|---|---|---|---|---|---|---|---|
| | | 年径流深/mm | 径流量/亿 m³ | 占比/% | | 20% | 50% | 75% | 95% |
| 鄂城区 | 513.91 | 650.36 | 3.34 | 32.36 | 0.38 | 4.11 | 3.19 | 2.44 | 1.62 |
| 华容区 | 413.15 | 643.97 | 2.66 | 25.78 | 0.39 | 3.33 | 2.49 | 1.95 | 1.29 |
| 梁子湖区 | 495.96 | 645.25 | 3.20 | 31.01 | 0.39 | 4.05 | 2.99 | 2.31 | 1.54 |
| 葛店开发区 | 79.60 | 645.20 | 0.51 | 4.94 | 0.39 | 0.64 | 0.48 | 0.38 | 0.25 |
| 鄂州开发区 | 42.53 | 640.68 | 0.27 | 2.62 | 0.38 | 0.33 | 0.26 | 0.19 | 0.13 |
| 凤凰街道办 | 27.83 | 648.14 | 0.18 | 1.74 | 0.38 | 0.23 | 0.17 | 0.13 | 0.09 |
| 古楼街道办 | 4.23 | 648.14 | 0.03 | 0.29 | 0.39 | 0.03 | 0.03 | 0.02 | 0.01 |
| 西山街道办 | 19.25 | 653.06 | 0.13 | 1.26 | 0.39 | 0.16 | 0.12 | 0.09 | 0.06 |
| 鄂州市 | 1596.46 | 646.68 | 10.32 | 100.00 | 0.38 | 12.94 | 9.79 | 7.48 | 5.00 |
| 梁子湖水系 | 1210.80 | 645.18 | 7.81 | 75.68 | 0.39 | 9.80 | 7.38 | 5.66 | 3.78 |
| 花马湖水系 | 286.26 | 652.04 | 1.86 | 18.02 | 0.38 | 2.27 | 1.78 | 1.36 | 0.91 |
| 洋澜湖水系 | 45.90 | 653.67 | 0.30 | 2.91 | 0.39 | 0.38 | 0.28 | 0.21 | 0.14 |
| 南迹湖水系 | 53.50 | 645.90 | 0.35 | 3.39 | 0.38 | 0.43 | 0.32 | 0.25 | 0.17 |

## 2. 地下水资源

鄂州市 1956—2017 年平均地下水资源量为 1.77 亿 m³，地表水与地下水的重复计算量为 0.47 亿 m³。其中梁子湖水系 1.34 亿 m³，花马湖水系 0.32 亿 m³，洋澜湖水系 0.05 亿 m³，南迹湖水系 0.06 亿 m³。鄂州市分流域地下水资源量及占比见表3.6和图3.7。

表 3.6 　　　　　　　　鄂州市分流域地下水资源量　　　　　　　　单位：亿 m³

| 水文系列 | 全市 | 梁子湖水系 | 花马湖水系 | 洋澜湖水系 | 南迹湖水系 |
|---|---|---|---|---|---|
| 多年平均（1956—2017 年） | 1.77 | 1.34 | 0.32 | 0.05 | 0.06 |

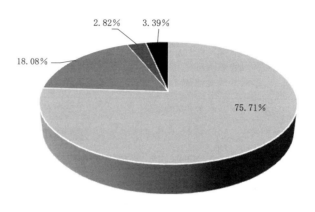

图 3.7    鄂州市分流域地下水资源量占比

### 3. 水资源总量

鄂州市多年平均水资源总量 11.61 亿 $m^3$，平均产水系数为 56.36%，产水模数为 72.72 万 $m^3/(a \cdot km^2)$。水资源总量在流域的分布：梁子湖水系最大，为 8.79 亿 $m^3$，洋澜湖水系最小，为 0.34 亿 $m^3$。各流域产水系数较大，河川径流量均占到降水量的近一半，其中洋澜湖水系最高，达 56.67%，相应地，产水模数为 74.07 万 $m^3/(a \cdot km^2)$。水资源总量在各行政区的分布：鄂城区最多，为 3.77 亿 $m^3$，占全市 32.47%；其次是梁子湖区，为 3.60 亿 $m^3$，占全市 31.01%；古楼街道办最小，为 0.03 亿 $m^3$，占全市 0.26%。鄂州市分区水资源总量及占比见表 3.7 和图 3.8。

表 3.7                      鄂州市分区水资源总量

| 水资源分区 | 计算面积 /$km^2$ | 年降水量 $P$ /亿 $m^3$ | 地表水资源量 $R$ /亿 $m^3$ | 不重复计算量 /亿 $m^3$ | 水资源总量 $W$ /亿 $m^3$ | 产水系数 $W/P$ /% | 产水模数 $M$ /[万 $m^3/(a \cdot km^2)$] |
|---|---|---|---|---|---|---|---|
| 鄂城区 | 513.91 | 6.67 | 3.34 | 0.43 | 3.77 | 56.52 | 73.36 |
| 华容区 | 413.15 | 5.31 | 2.66 | 0.33 | 2.99 | 56.31 | 72.37 |
| 梁子湖区 | 495.96 | 6.38 | 3.20 | 0.40 | 3.60 | 56.43 | 72.59 |
| 葛店开发区 | 79.60 | 1.02 | 0.51 | 0.06 | 0.57 | 55.88 | 72.61 |

| 水资源分区 | 计算面积 /km² | 年降水量 P /亿 m³ | 地表水资源量 R /亿 m³ | 不重复计算量 /亿 m³ | 水资源总量 W /亿 m³ | 产水系数 W/P /% | 产水模数 M /[万 m³/(a·km²)] |
|---|---|---|---|---|---|---|---|
| 鄂州开发区 | 42.53 | 0.54 | 0.27 | 0.03 | 0.30 | 55.56 | 70.54 |
| 凤凰街道办 | 27.83 | 0.36 | 0.18 | 0.02 | 0.20 | 55.56 | 71.86 |
| 古楼街道办 | 4.23 | 0.05 | 0.03 | 0.00 | 0.03 | 60.00 | 70.92 |
| 西山街道办 | 19.25 | 0.25 | 0.13 | 0.02 | 0.15 | 60.00 | 77.92 |
| 鄂州市 | 1596.46 | 20.60 | 10.32 | 1.29 | 11.61 | 56.36 | 72.72 |
| 梁子湖水系 | 1210.80 | 15.58 | 7.81 | 0.98 | 8.79 | 56.42 | 72.60 |
| 花马湖水系 | 277.81 | 3.73 | 1.86 | 0.23 | 2.09 | 56.03 | 73.01 |
| 洋澜湖水系 | 45.90 | 0.60 | 0.30 | 0.04 | 0.34 | 56.67 | 74.07 |
| 南迹湖水系 | 53.50 | 0.69 | 0.35 | 0.04 | 0.39 | 56.52 | 72.90 |

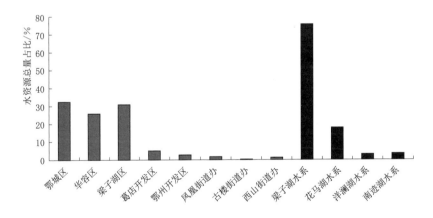

图 3.8　鄂州市分区水资源总量占比

4. 出入境水量

（1）入境水量。鄂州市入境水量主要包括梁子湖水系和花马湖上游控制流域的入境水量。由于花马湖流域面积 286.4km² 的 97% 位于鄂州市境内，仅 3% 在黄石市，在人类活动的影响下，入境量极小。

梁子湖上游控制流域入境水量：由于主要通过梁子湖承接雨量，因此，结合流域降水量条件，在入境水量计算中采用多年平均降水量、径流量以及相应的径流系列数进行自产水量分析，然后扣除用水消耗和非用水消耗后的水量作为入境水量。对于用水消耗，主要按照第一次水利普查资料以乡镇为单位进行生活、生产用水的折算。

控制范围内自产水量：梁子湖水系地处长江中游南岸，湖北省东南部，涉及武汉、黄石、鄂州、咸宁四市，包括梁子湖、鸭儿湖、三山湖、保安湖等湖泊，流域面积3121km$^2$（《中华人民共和国水文年鉴》），鄂州境内流域控制面积共计1209km$^2$，鄂州境外所有来水均为入境水量。樊口站为全流域径流控制站。

本次评价具体计算以樊口站还原后的天然径流为依据，采用水文站控制法，在计算获得全梁子湖流域自产水量后，根据梁子湖在鄂州市内外面积比得到梁子湖上游的自产水量为8.04亿 m$^3$，即为鄂州市梁子湖上游的自产水量。经统计，梁子湖流域上游总耗水量为1.62亿 m$^3$，其中农业耗水占比较大，为1.48亿 m$^3$，生活耗水为0.06亿 m$^3$、工业耗水为0.07亿 m$^3$。

梁子湖流域上游自产水量，扣除控制区内的耗水量，得到鄂州市梁子湖上游入境水量为6.42亿 m$^3$。

（2）出境水量。鄂州市的出境水量主要包括由梁子湖区、花马湖区以及沿江平原进入长江的水量。不同区域其出境水量的监测计算方法不同。

据樊口站（樊口大闸和泵站的合并）逐日流量资料，求得樊口站多年平均的排水量为16.91亿 m$^3$，以此作为梁子湖区的出境水量。根据《花马湖流域水利综合治理规划报告》，花马湖多年平均出境水量为2.3亿 m$^3$。鄂州市内存在多处沿江平原，其降雨直接汇入长江，是出境水量重要的部分。按照沿江平原区不同区域的降水特征，综合降水产流关系，折算沿江平原水量。

经计算得出，鄂州市内存在沿江平原36.04km$^2$，其中包含梁子湖水系面积12km$^2$、花马湖水系面积12.44km$^2$、洋澜湖水系面积0.9km$^2$、南迹湖水系面积10.7km$^2$。根据各个流域片区的降水径流关系，求得沿江平原入江径流量为0.47亿 m$^3$。

鄂州市多年平均总出境水量共计16.91＋0.47＋2.3＝19.68（亿 m$^3$）。

考虑到引江水量也有部分也参与出境水量，按照第一次水利普查，2011

年全市引水量为 0.14 亿 m³，扣除引江水量，当地水总的出境量为 19.54 亿 m³。

### 5. 水资源量演变分析

鄂州市多年平均年径流深为 646.68mm，折合年径流量 10.32 亿 m³，最大值为 20.61 亿 m³（1983 年），最小 3.67 亿 m³（1979 年），最大值是最小值的近 6 倍。

从各年段径流量统计数据看，除 1950 年后期处于偏枯年份，其余年代均处于丰水年；尽管如此，近些年仍有下降的趋势。鄂州市各年代地表径流量距平见图 3.9。

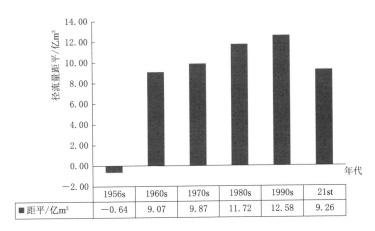

| | 1956s | 1960s | 1970s | 1980s | 1990s | 21st |
|---|---|---|---|---|---|---|
| ■ 距平/亿m³ | −0.64 | 9.07 | 9.87 | 11.72 | 12.58 | 9.26 |

图 3.9　鄂州市各年代地表径流量距平

根据年径流量 5a 滑动平均值过程线看，全市径流量与降水量变化趋势基本一致，整体上呈现波动中增加，2000 年后下降的总体变化趋势。全市降水不同年代的变化呈现 1960—1969 年的降水相对下降期、1969—1975 年的相对增长期、1975—1980 年的相对下降期、1980—1988 的相对增长期等一系列增长-下降交替变化的趋势，1988—2014 年为降水相对增长期、2004 年后为降水相对下降期。鄂州市地表径流量 5a 滑动平均值见图 3.10。

与降水相对应的天然径流量，也呈现相似的变化，即降水量偏大年份，径流量也相应偏大，反之亦然。鄂州市不同年代天然径流量、降水量对照见图 3.11。

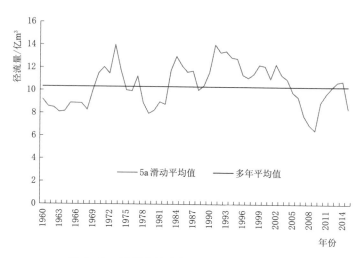

图 3.10　鄂州市地表径流量 5a 滑动平均值

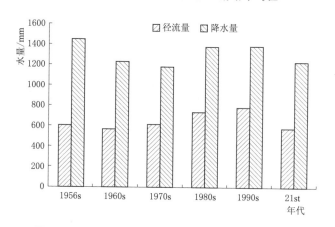

图 3.11　鄂州市不同年代天然径流量、降水量对照

# 3.4　水资源开发利用分析

## 3.4.1　用水结构分析

### 1. 基准年用水结构分析

以 2017 年为基准年，根据 2017 年《鄂州市水资源公报》，2017 年鄂州

市生活用水 1.0066 亿 m³（其中城镇公共用水 0.3924 亿 m³、居民生活用水 0.6142 亿 m³），生态环境用水 0.0337 亿 m³，工业用水 2.7579 亿 m³，农业用水 2.8416 亿 m³（其中林、果、草地灌溉及鱼塘补水 0.9779 亿 m³、农田灌溉用水 1.8637 亿 m³）。

从基准年鄂州市的用水结构来看，农业用水占据总用水量的 42.8%，是鄂州市最大的用水行业；工业用水次之，占总用水量的 41.5% 左右；生活用水量比较小，占总用水量的 15.2% 左右；生态用水量最小，占用水总量的 0.5%，2017 年鄂州市用水结构比例见图 3.12。

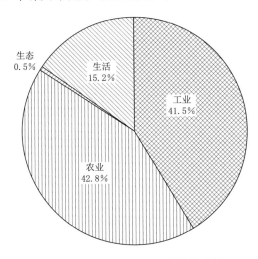

图 3.12　2017 年鄂州市用水结构比例图

### 2. 行业用水多年用水趋势分析

自 2007 年以来，鄂州市用水变化趋势性明显，这些趋势及变化规律对于未来需水预测具有很强的指导意义，2007—2017 年鄂州市用水总量与分类用水变化趋势如图 3.13 和图 3.14 所示。

全市多年农业用水年平均值为 2.46 亿 m³，工业用水年平均值为 5.61 亿 m³、生活用水年平均值为 0.79 亿 m³、生态用水年平均值为 0.01 亿 m³。近年来，鄂州市用水总量情况变化不大，全市多年平均用水 8.88 亿 m³。自 2007 年以来，随着鄂州市城市火核电和工业迅速发展，工业用水、生活用水的用水量更是呈现出迅速增加的趋势，2007—2010 年四年间，工业用水、生活用水年均增长量分别为 4500 万 m³ 和 900 万 m³；自鄂州节水型社会试

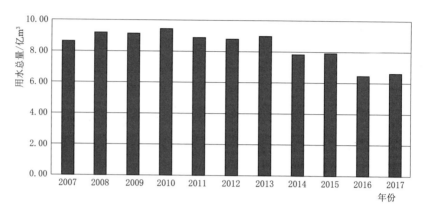

图 3.13  2007—2017 年鄂州市用水总量变化图

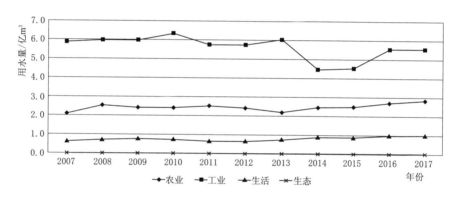

图 3.14  2007—2017 年鄂州市分类用水变化趋势

点建设以来，农业种植结构调整和农田节水灌溉面积增加，导致农灌用水量呈现出明显的增加趋势。

## 3.4.2  供水工程及供水量

### 1. 水库工程

根据调查及水利普查、《鄂州市防汛手册》统计，鄂州市辖区内现状（指基准年 2017 年，下同）共有水库工程 37 座。其中：中型水库 1座（石桥水库），小（1）型水库 7 座，小（2）型水库 29 座；鄂城区 19 座，梁子湖区 18 座。水库设计灌溉面积为 10.063 万亩，设计供水量为 3976.53 万 $m^3$。鄂州市水库详细情况见表 3.8。

表 3.8                鄂州市水库详细情况

| 序号 | 水库名称 | 地点 | | 库容/万 $m^3$ | | 灌溉面积/万亩 |
|---|---|---|---|---|---|---|
| | | 区 | 乡/镇 | 总库容 | 兴利库容 | |
| 1 | 石桥 | 鄂城区 | 汀祖镇 | 1420 | 958 | 1.64 |
| 2 | 狮子口 | 梁子湖区 | 太和镇 | 842.21 | 616.8 | 1.6 |
| 3 | 黄龙 | 鄂城区 | 沙窝乡 | 786 | 652 | 1.6 |
| 4 | 马龙 | 梁子湖区 | 太和镇 | 694.14 | 505 | 1.52 |
| 5 | 白龙 | 鄂城区 | 花湖镇 | 296 | 235 | 0.84 |
| 6 | 夫子岭 | 鄂城区 | 新庙镇 | 208 | 140 | 0.42 |
| 7 | 黄山 | 鄂城区 | 沙窝乡 | 116 | 90 | 0.3 |
| 8 | 白雉山 | 鄂城区 | 碧石镇 | 104 | 87 | 0.18 |
| 9 | 牛山 | 梁子湖区 | 太和镇 | 57 | 48 | 0.063 |
| 10 | 大山 | 梁子湖区 | 太和镇 | 52 | 45 | 0.08 |
| 11 | 王才 | 梁子湖区 | 太和镇 | 52 | 42 | 0.08 |
| 12 | 畈雄 | 梁子湖区 | 沼山镇 | 51 | 33 | 0.14 |
| 13 | 季鱼其 | 梁子湖区 | 沼山镇 | 40 | 31 | 0.11 |
| 14 | 盘茶坳 | 梁子湖区 | 沼山镇 | 39.35 | 36 | 0.15 |
| 15 | 官明塘 | 鄂城区 | 沙窝乡 | 34 | 24 | 0.08 |
| 16 | 螺丝墩 | 梁子湖区 | 太和镇 | 33.75 | 23.73 | 0.06 |
| 17 | 公抱孙 | 梁子湖区 | 沼山镇 | 33 | 26 | 0.1 |
| 18 | 关山垴 | 鄂城区 | 沙窝乡 | 32 | 25 | 0.06 |
| 19 | 邱家垅 | 梁子湖区 | 沼山镇 | 32 | 25 | 0.11 |
| 20 | 张家山 | 鄂城区 | 新庙镇 | 32 | 18 | 0.06 |
| 21 | 赵寨 | 鄂城区 | 沙窝乡 | 31 | 24 | 0.08 |
| 22 | 申易湾 | 鄂城区 | 泽林镇 | 29 | 21 | 0.08 |

| 序号 | 水库名称 | 地　点 | | 库容/万 m³ | | 灌溉面积/万亩 |
| --- | --- | --- | --- | --- | --- | --- |
| | | 区 | 乡/镇 | 总库容 | 兴利库容 | |
| 23 | 仙人洞 | 梁子湖区 | 涂家垴镇 | 24 | 18 | 0.06 |
| 24 | 岱家湾 | 鄂城区 | 沙窝乡 | 24 | 19 | 0.06 |
| 25 | 王桥 | 梁子湖区 | 涂家垴镇 | 23 | 18 | 0.08 |
| 26 | 山塘 | 鄂城区 | 沙窝乡 | 22 | 18 | 0.06 |
| 27 | 金山 | 鄂城区 | 泽林镇 | 21.75 | 17.2 | 0.055 |
| 28 | 花家庄 | 鄂城区 | 汀祖镇 | 21 | 15 | 0.05 |
| 29 | 九龙 | 梁子湖区 | 涂家垴镇 | 21 | 10 | 0.05 |
| 30 | 荷塘 | 鄂城区 | 泽林镇 | 20 | 13 | 0.04 |
| 31 | 马尾山 | 鄂城区 | 汀祖镇 | 19 | 15 | 0.05 |
| 32 | 石家湾 | 鄂城区 | 新庙镇 | 18 | 11 | 0.035 |
| 33 | 官塘 | 梁子湖区 | 涂家垴镇 | 16 | 9 | 0.03 |
| 34 | 狗尾巴 | 梁子湖区 | 涂家垴镇 | 15 | 8 | 0.04 |
| 35 | 王铺 | 梁子湖区 | 沼山镇 | 13 | 11.5 | 0.04 |
| 36 | 牛栏栅 | 梁子湖区 | 沼山镇 | 11.9 | 7 | 0.03 |
| 37 | 二里冲 | 鄂城区 | 新庙镇 | 11 | 7 | 0.03 |
| 合　计 | | | | 5295.1 | 3902.23 | 10.063 |

## 2. 塘坝工程

鄂州市现状有塘坝工程 7213 处，总库容为 4358.27 万 m³。其中库容 1 万～5 万 m³ 的有 636 处，共计 1066.81 万 m³；库容为 5 万～10 万 m³ 的有 40 处，共计 259.04 万 m³；库容为 10 万 m³ 以上的有 4 处，共计 46.27 万 m³；其他全部为库容小于 1 万 m³ 的塘坝。全市塘坝对应总灌溉面积为 99877 亩。

鄂州塘坝主要集中在鄂城区、梁子湖区和华容区。其中鄂城区共有塘坝工程 2830 处，库容为 1849.7 万 m³，对应的灌溉面积为 47952 亩；梁子湖区共有塘坝工程 2237 处，库容为 1341.46 万 m³，对应的灌溉面积为 16357

亩；华容区共有塘坝工程 2146 处，库容为 1167 万 $m^3$，对应的灌溉面积为 35566 亩。

### 3. 提水工程

鄂州市泵站主要以排涝为主。根据全国第一次水利普查资料和鄂州市防汛手册统计，全市共有泵站 1752 座，梁子湖区 237 座，华容区 812 座，鄂城区 703 座。大中型泵站 4 座，分别为樊口泵站、花马湖泵站、洋澜湖泵站和南迹湖泵站。

### 4. 城乡供水工程

鄂州市现有日产 5000t 以上的自来水厂 9 座，供城市用水。分别为：鄂州市凤凰台水厂、雨台山水厂、葛店镇水厂、葛店经济开发区水厂、华容水厂、临江水厂、燕矶水厂、杨叶水厂、太和水厂。

鄂州市主城区现有二座水厂，分别为凤凰台水厂、雨台山水厂，均隶属于鄂州市玉泉自来水公司管理，以长江水为水源。凤凰台水厂生产规模为 8 万 $m^3/d$，雨台山水厂设计总规模为 30 万 $m^3/d$，雨台山水厂的制水生产能力为 10 万 $m^3/d$。目前两自来水厂已经并网，除了提供鄂州市主城区居民及中西部各集镇（泽林、程潮、碧石、新庙、蒲团、杜山、临江、汀祖、燕矶）范围内及下面部分村庄居民生活和部分工业用水外，还通过一条 DN400 输水管由樊口经杜山、长港、东沟、长岭至沼山和一条 DN300 输水管由樊口经蒲团至庙岭向沿线集镇村庄供水。

葛店镇水厂，隶属于鄂州市葛店镇管理，位于葛店镇内，主要提供葛店镇范围内及下面部分村庄居民生活和部分工业用水，以长江为供水水源，日制水量 5000 $m^3/d$。

葛店经济开发区水厂，隶属于鄂州市玉泉自来水公司管理，位于葛店经济开发区内，主要提供葛店经济开发区范围内及附近村庄居民生活和部分工业用水，以长江为供水水源，日制水量为 3 万 $m^3/d$。

华容水厂，隶属华容区人民政府管辖，位于华容镇内，主要提供华容镇、段店镇集镇范围内及附近村庄居民的生活和部分工业用水，以长江为供水水源，日制水量为 2 万 $m^3/d$。

太和水厂，隶属于鄂州市玉泉自来水公司管理，位于梁子湖区太和镇内, 主要供太和镇、涂家垴镇集镇范围内及附近村庄居民和部分工业用水, 以狮子口和马龙水库为供水水源, 日制水量为1万$m^3$/d。

临江水厂和杨叶水厂均为民营企业, 分别位于临江乡和杨叶镇内, 主要提供临江乡和杨叶镇集镇居民生活用水和部分工业用水, 以长江为供水水源。临江水厂经过自身投资改扩建, 日制水量为7000$m^3$/d。杨叶水厂经过自行改扩建, 日制水量达到5000$m^3$/d。

燕矶水厂位于燕矶镇内, 隶属于鄂城区水利水产局管辖, 主要提供燕矶集镇范围内及附近村庄居民的生活和部分工业用水, 以长江为供水水源, 日制水量为5000$m^3$/d。

鄂州市还有日供水量在1000$m^3$/d以下的微型水厂9座, 分别为长港自来水厂、沙窝自来水厂、涂镇自来水厂、公友自来水厂、沼山自来水厂、长岭自来水厂、东沟自来水厂、梁子岛自来水厂, 庙岭取水点等, 它们分别位于各个集镇内, 主要提供集镇范围内的居民和部分工业用水, 分别以湖泊、水库作为供水水源, 并实行限时供水。

同时为解决主城区、鄂城新区、花湖开发区的供水矛盾, 凤凰台水厂迁建更名为城东水厂, 规模20万t/d的新建工程已提上日程, 该项目已经完成了选址征地工作和项目建议书及可行性研究报告。

鄂州市现状共有农村集中式供水工程9处, 华容区4处, 鄂城区3处, 梁子湖区2处, 工程涉及供水总规模39950$m^3$/d。鄂州市现状农村供水工程见表3.9。

**表3.9**                    **鄂州市现状农村供水工程**

| 行政区划 | 设计供水规模/($m^3$/d) | 设计供水人口/人 | 农村供水工程总数/处 |
|---|---|---|---|
| 梁子湖区 | 5000 | 48000 | 2 |
| 华容区 | 10950 | 95000 | 4 |
| 鄂城区 | 24000 | 208000 | 3 |
| 合计 | 39950 | 351000 | 9 |

5. 地下水供水工程

根据《鄂州市市域"十三五"供水规划》, 目前地下水利用主要是浅层地下水用于人畜饮水，利用浅层地下水的水井有 29227 口，供水能力为 1735 万 m³。利用深层承压水的水井有程潮铁矿和其他铁矿矿区及庙岭水厂，经统计共有 50 口，供水能力为 1240.95 万 m³。

建议将地下水作为一个过渡性水源，逐步减少开采量，今后，将不达标的地下水关闭，达标的地下水作为备用水源保护起来。

### 6. 现状供水量

根据 2017 年《鄂州市水资源公报》，全市总供水量 9.74 亿 m³（含鄂州火核电一期用水和二期耗水量，总计 3.1 亿 m³），其中地表水源供水量 9.63 亿 m³，地下水源供水量 0.108 亿 m³。在地表水源供水量中，蓄水工程供水量 2.35 亿 m³，占地表水源供水量的 24%；引水工程供水量 0.47 亿 m³，占地表水源供水量的 5%；提水工程供水量 6.82 亿 m³，占地表水源供水量的 71%。

## 3.4.3　现状水资源开发利用程度

一个区域的水资源开发利用程度的高低，可以用区域内的河道外供水量占水资源总量的比例（简称水资源开发利用率）表示，以反映现状条件下水资源开发利用程度。基准年，鄂州市水资源开发利用率为 30.49%，其中地表水开发利用程度为 33.33%，地下水开发利用程度低，仅为 5.68%，符合当地的实际情况。在计算过程中，由于水资源量仅仅为当地产水量，不包括梁子湖上游的入境水量和长江的过境水量，因此地表水供水量统计本地供水量，不包括长江取水量。鄂州市水资源现状开发利用调查统计见表 3.10。

表 3.10　　　　　　鄂州市水资源现状开发利用调查统计

| 分　项 | 总量 | 地　表　水 | | | 地下水 |
|---|---|---|---|---|---|
| | | 小计 | 本地地表水 | 长江取水量 | |
| 供水量/亿 m³ | 3.54 | 9.74 | 3.44 | 6.3 | 0.1 |
| 本地水资源量/亿 m³ | 11.61 | 10.32 | | | 1.76 |
| 开发利用率/% | 30.49 | 33.33 | | | 5.68 |

# 第 4 章

# 研究区水资源二元模型 WAS-AC 构建与校验

## 4.1 研究区数据搜集及数据库建立

### 4.1.1 水文气象数据

#### 1. 降水蒸发数据

模型气象数据来源于 5 个鄂州市域的雨量站和黄冈、大冶 2 个相邻县市的雨量站，时间序列为 1956—2017 年。鄂州市域内雨量站降水资料系列长度大于 50 年的有 5 个站；平均站网密度约为 318.71km²/站（仅考虑市域内 5 个站），227.65km²/站（考虑全部评价站）。7 个雨量站情况见表 4.1，雨量站点分布见图 4.1。

表 4.1 雨 量 站 情 况

| 雨量站 | 站点位置 | | 资料系列起止年份 | 需插补年份 | 系列年数 |
|---|---|---|---|---|---|
| | 东经（E） | 北纬（N） | | | |
| 梁子镇 | 114°34′ | 30°15′ | 1964—2017 | 1956—1963 | 52 |
| 天井畈 | 114°41′ | 30°20′ | 1964—2017 | 1956—1963 | 52 |
| 樊口 | 114°51′ | 30°25′ | 1957—2017 | 1956 | 59 |

续表

| 雨量站 | 站点位置 | | 资料系列起止年份 | 需插补年份 | 系列年数 |
|---|---|---|---|---|---|
| | 东经（E） | 北纬（N） | | | |
| 白龙 | 114°54′ | 30°17′ | 1961—2017 | 1956—1960，1963 | 55 |
| 鄂州 | 114°52′ | 30°22′ | 1959—2014 | 1956—1958 | 56 |
| 黄冈 | 114°54′ | 30°26′ | 1956—2011 | 2012—2015 | 59 |
| 大冶 | 114°53′ | 30°04′ | 1973—2011 | 1956—1972 | 42 |

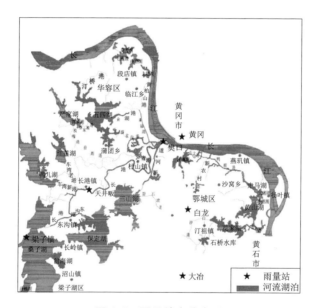

图 4.1　雨量站点分布图

对需插补延长雨量的年份，一般用地理条件及气候特性相似的邻近站或多站平均值插补；少数站采用绘制等值线图方法插补。降雨量插补延长的年数，一般不超过同步期总年数的 1/3。

### 2. 水文数据

模型水文数据采用樊口水文站 1959—2015 年实测径流值，为了使水文站历年的径流量计算成果能基本上反映流域天然产流状况，使资料具有一致性，需要对测站以上受开发利用活动影响而增减的水量进行还原计算。

## 4.1.2　土壤地质概况

土壤地质，包括土地利用、土壤分布和地质结构三大块。按照全国标准《土地利用现状分类》（GB/T 21010—2017），考虑人类活动的影响，根据"自然-社会"二元水循环理论划分土地利用类型，包括水稻、小麦玉米、蔬菜、旱地、园地、林地、草地、城镇居住用地、水域和未利用地。通过收集鄂州市统计年鉴、湖北省统计年鉴以及相邻省统计年鉴、1985 年以来的 5 期遥感土地利用图（1985 年、1990 年、1995 年、2000 年、2014 年），以及实地勘察的土地利用资料，通过遥感反演解译将区域土地利用类型划分面积详列于表 4.2。

表 4.2　　　　　　　　　区域土地利用类型划分面积　　　　　　　单位：万亩

| 用水区域 | 水稻 | 小麦玉米 | 蔬菜 | 旱地 | 园地 | 林地 | 草地 | 城镇居住用地 | 水域 | 未利用地 |
|---|---|---|---|---|---|---|---|---|---|---|
| 太和镇梁子湖区 | 23.85 | 1.25 | 0 | 8.55 | 0.76 | 22.68 | 1.01 | 10.23 | 8.62 | 1.98 |
| 涂家垴镇梁子湖区 | 37.05 | 0.43 | 0 | 44.21 | 0.64 | 17.24 | 5.37 | 11.62 | 28.80 | 3.76 |
| 沼山镇梁子湖区 | 18.88 | 0.26 | 0 | 13.01 | 1.76 | 14.47 | 0.00 | 8.21 | 6.58 | 1.48 |
| 梁子镇梁子湖区 | 3.05 | 0.17 | 0 | 4.62 | 0.16 | 0.72 | 0.00 | 4.41 | 106.88 | 0.29 |
| 东沟镇梁子湖区 | 26.56 | 4.05 | 0 | 13.30 | 0.39 | 1.23 | 0.10 | 11.30 | 25.22 | 0.82 |
| 红莲湖新城华容区 | 13.28 | 2.28 | 0 | 12.32 | 0.29 | 1.66 | 0.02 | 19.14 | 40.63 | 0.79 |
| 长港镇梁子湖区 | 5.32 | 12.09 | 0 | 0.00 | 0.65 | 0.49 | 0.00 | 4.44 | 18.77 | 0.10 |
| 碧石渡镇鄂城区 | 7.76 | 0.72 | 0 | 4.19 | 0.02 | 8.96 | 0.03 | 7.15 | 3.20 | 0.62 |
| 泽林镇鄂城区 | 15.81 | 12.15 | 0 | 1.88 | 0.57 | 7.21 | 0.79 | 15.01 | 38.38 | 1.08 |
| 杜山镇鄂城区 | 7.61 | 14.42 | 0 | 0.00 | 0.27 | 0.46 | 0.00 | 10.12 | 26.42 | 0.34 |
| 葛华新城华容区 | 34.70 | 59.05 | 0 | 3.67 | 0.75 | 4.82 | 0.00 | 51.06 | 83.59 | 1.96 |
| 蒲团乡华容区 | 18.69 | 18.91 | 0 | 0.70 | 0.04 | 1.68 | 0.11 | 10.13 | 40.32 | 0.60 |
| 段店镇华容区 | 12.19 | 21.41 | 0 | 0.53 | 0.04 | 0.32 | 0.00 | 9.57 | 26.08 | 1.42 |

续表

| 用水区域 | 水稻 | 小麦玉米 | 蔬菜 | 旱地 | 园地 | 林地 | 草地 | 城镇居住用地 | 水域 | 未利用地 |
|---|---|---|---|---|---|---|---|---|---|---|
| 主城区鄂城区 | 4.72 | 7.65 | 0 | 1.51 | 0.47 | 9.09 | 0.52 | 48.69 | 22.89 | 0.72 |
| 汀祖镇鄂城区 | 11.34 | 0.59 | 0 | 13.33 | 0.75 | 18.55 | 8.33 | 14.78 | 7.18 | 1.39 |
| 花湖新城鄂城区 | 18.31 | 10.80 | 0 | 11.06 | 0.61 | 28.92 | 6.44 | 22.54 | 45.34 | 2.65 |
| 燕矶镇鄂城区 | 11.31 | 9.40 | 0 | 1.29 | 0.55 | 5.22 | 1.11 | 12.69 | 18.93 | 1.04 |

## 4.1.3 水库节点❶参数

水库节点参数包括水库基本信息、兴利水位和水库供水特性。

根据本次调查及水利普查、《鄂州市防汛手册统计》,鄂州山市辖区内现状共有水库工程 37 座。其中:中型水库 1 座(石桥水库),小(1)型水库 7 座,小(2)型水库 29 座;鄂城区 19 座,梁子湖区 18 座。水库节点设计灌溉面积为 10.063 万亩,设计供水量为 3976.53 万 $m^3$。水库节点位置见图 4.2(图中打包小水库为鄂州市不同区域的小型水库,概化为一个水库进行模拟分析),水库节点基本信息见表 4.3。

表 4.3                       水库节点基本信息表

| 序号 | 名 称 | 集流面积 /$km^2$ | 总库容 /万 $m^3$ | 兴利水位对应库容 /万 $m^3$ | 防破坏线库容 /万 $m^3$ | 死库容 /万 $m^3$ | 初始库容 /万 $m^3$ |
|---|---|---|---|---|---|---|---|
| 1 | 火核水厂 | 0 | 27800 | 27800 | 0 | 0 | 27800 |
| 2 | 城东水厂 | 0 | 18250 | 18250 | 0 | 0 | 18250 |
| 3 | 葛华水厂 | 0 | 7300 | 7300 | 0 | 0 | 7300 |
| 4 | 太和水厂 | 0 | 912.5 | 912.5 | 0 | 0 | 912.5 |
| 5 | 梁子岛水厂 | 0 | 182.5 | 182.5 | 0 | 0 | 182.5 |

❶ 水库节点包含水库、水厂、湖。

续表

| 序号 | 名　称 | 集流面积 /km² | 总库容 /万 m³ | 兴利水位 对应库容 /万 m³ | 防破坏线 库容 /万 m³ | 死库容 /万 m³ | 初始库容 /万 m³ |
|---|---|---|---|---|---|---|---|
| 6 | 打包小水库 1 | 6.23 | 177 | 124 | 35.4 | 35.4 | 124 |
| 7 | 马龙口水库 | 12.65 | 694 | 617 | 32.5 | 32.5 | 617 |
| 8 | 狮子口水库 | 12.6 | 842 | 505 | 30 | 30 | 505 |
| 9 | 打包小水库 2 | 3.85 | 74 | 39 | 14.8 | 14.8 | 39 |
| 10 | 打包小水库 3 | 5.75 | 206 | 128 | 41.2 | 41.2 | 128 |
| 11 | 梁子湖 | 2085 | 115920 | 92736 | 23184 | 23184 | 92736 |
| 12 | 白稚山水库 | 0.97 | 104 | 87.33 | 6.8 | 6.8 | 87.33 |
| 13 | 打包小水库 4 | 1.48 | 73 | 47 | 14.6 | 14.6 | 47 |
| 14 | 三山湖 | 153.8 | 6927 | 5541.6 | 1385.4 | 1385.4 | 5541.6 |
| 15 | 鸭儿湖 | 363.2 | 3800 | 3040 | 760 | 760 | 5541.6 |
| 16 | 长港 | 113.4 | 2139 | 1711.2 | 427.8 | 427.8 | 3040 |
| 17 | 洋澜湖 | 41.7 | 555 | 444 | 193 | 193 | 444 |
| 18 | 打包小水库 7 | 0.86 | 49 | 31 | 9.8 | 9.8 | 31 |
| 19 | 夫子岭水库 | 2.85 | 208 | 140 | 14 | 14 | 140 |
| 20 | 七迹湖 | 63.7 | 847.8 | 678.2 | 169.56 | 169.56 | 678.2 |
| 21 | 打包小水库 5 | 0.8 | 46 | 34 | 9.2 | 9.2 | 34 |
| 22 | 白龙水库 | 3.2 | 296 | 235 | 28 | 28 | 235 |
| 23 | 石桥水库 | 12.31 | 1420 | 958.02 | 43.23 | 43.23 | 958.02 |
| 24 | 黄龙水库 | 8.5 | 785.7 | 652 | 38 | 38 | 652 |
| 25 | 黄山水库 | 1.2 | 116.08 | 89.8 | 12.4 | 12.4 | 89.8 |
| 26 | 打包小水库 6 | 2.7 | 199 | 140 | 39.8 | 39.8 | 140 |
| 27 | 花马湖 | 268.7 | 4950 | 3960 | 990 | 990 | 3960 |

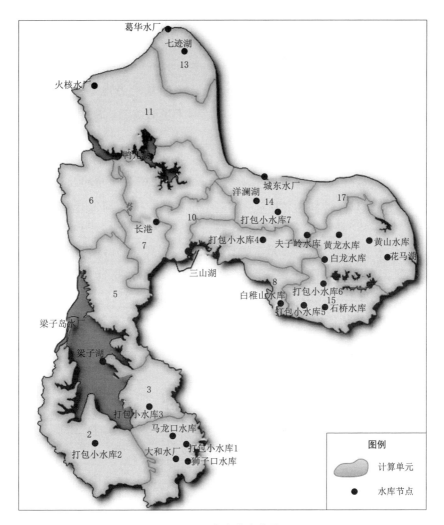

图 4.2　水库节点位置

## 4.1.4　行业需水数据

模型行业用水包括四类：生活、生态、农业、工业。需水数据采用 2017 年基准年各行业用水数据直接输入。中远期 2030 年及 2040 年依据鄂州市统计年鉴，根据不同行业用水性质以及区域人口、经济等要素空间分布，坚持"致力接近实际""充分考虑节水""对接现有规划"三大原则，采用多尺度集合需水预测方法，来预测不同来水条件、不同规划水平年社会经济需水量。

　　结合《鄂州市城乡总体规划（2017—2035）》《2016 年鄂州市政府工作报告》、"十三五"主要目标和任务等规划目标，综合考虑鄂州市发展趋势、市场经济体制、产业结构调整和科技进步对未来的冲击，采用添加物理机制的中观趋势预测方法进行估算。

　　从产业格局发展来看，农业、工业的产业增加值比重将逐步下降，并在 2030 年前后达到稳定，而以服务业为代表的第三产业比重将持续上升，最终达到 45% 左右。预计到 2030 年，鄂州市全区产业增加值将达到 2507 亿元，其中第一产业 164 亿元（占比 6.5%），第二产业 1235 亿元（占比 49.3%），第三产业 1108 亿元（占比 44.2%）；到 2040 年，全区产业增加值将达到 3199 亿元，其中第一产业 217 亿元（占比 6.8%），第二产业 1581 亿元（占比 49.4%），第三产业 1401 亿元（占比 43.8%）。

　　区域产业增加值预测如图 4.3 所示。

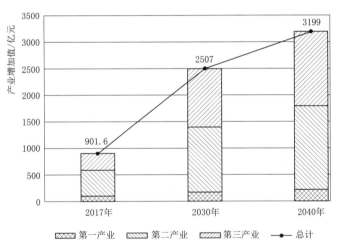

图 4.3　区域产业增加值预测

鄂州市社会经济发展预测数据见表 4.4。

1. 基准年用水需求

基准年（2017 年）的区域总需水量为 10.25 亿 m³，其中农业需水 3.05

表 4.4　　鄂州市社会经济发展预测数据

单位：亿元

| 序号 | 名称 | 基准年（2017 年） | | | | 2030 年 | | | | 2040 年 | | | |
|---|---|---|---|---|---|---|---|---|---|---|---|---|---|
| | | 第一产业增加值 | 第二产业增加值 | 第三产业增加值 | 总计 | 第一产业增加值 | 第二产业增加值 | 第三产业增加值 | 总计 | 第一产业增加值 | 第二产业增加值 | 第三产业增加值 | 总计 |
| 1 | 太和镇 | 5.60 | 7.66 | 5.08 | 18.34 | 9.51 | 19.16 | 18.10 | 46.77 | 12.59 | 24.52 | 22.88 | 59.99 |
| 2 | 涂家垴镇 | 13.60 | 5.50 | 3.65 | 22.75 | 23.10 | 13.76 | 12.99 | 49.85 | 30.56 | 17.61 | 16.42 | 64.59 |
| 3 | 沼山镇 | 5.36 | 6.25 | 4.15 | 15.76 | 9.10 | 15.63 | 14.76 | 39.49 | 12.04 | 20.00 | 18.66 | 50.70 |
| 4 | 梁子镇 | 1.30 | 0.49 | 0.33 | 2.12 | 2.21 | 1.22 | 1.16 | 4.59 | 2.93 | 1.57 | 1.47 | 5.97 |
| 5 | 东沟镇 | 7.31 | 5.85 | 3.88 | 17.04 | 12.41 | 14.62 | 13.80 | 40.83 | 16.42 | 18.71 | 17.45 | 52.58 |
| 6 | 红莲湖新城 | 6.31 | 28.11 | 4.79 | 39.21 | 10.71 | 70.28 | 17.05 | 98.04 | 14.18 | 89.95 | 21.55 | 125.68 |
| 7 | 长港办事处 | 2.90 | 2.29 | 1.52 | 6.71 | 4.92 | 5.72 | 5.41 | 16.05 | 6.51 | 7.32 | 6.83 | 20.66 |
| 8 | 碧石渡镇 | 2.11 | 8.78 | 8.88 | 19.77 | 3.58 | 21.96 | 31.62 | 57.16 | 4.74 | 28.11 | 39.97 | 72.82 |
| 9 | 泽林镇 | 4.97 | 18.49 | 18.69 | 42.15 | 8.45 | 46.22 | 66.54 | 121.21 | 11.18 | 59.16 | 84.11 | 154.45 |
| 10 | 杜山镇 | 3.67 | 7.14 | 7.23 | 18.04 | 6.23 | 17.85 | 25.72 | 49.80 | 8.25 | 22.85 | 32.52 | 63.62 |
| 11 | 葛华新城 | 14.54 | 132.33 | 22.55 | 169.42 | 24.68 | 330.82 | 80.27 | 435.77 | 32.66 | 423.45 | 101.47 | 557.58 |
| 12 | 蒲团乡 | 6.38 | 21.47 | 3.66 | 31.51 | 10.82 | 53.68 | 13.02 | 77.52 | 14.32 | 68.71 | 16.45 | 99.48 |
| 13 | 段店镇 | 5.68 | 30.37 | 5.18 | 41.23 | 9.65 | 75.92 | 18.43 | 104.00 | 12.77 | 97.18 | 23.30 | 133.25 |
| 14 | 主城区 | 2.32 | 161.48 | 163.20 | 327.00 | 3.94 | 403.70 | 580.98 | 988.62 | 5.21 | 516.73 | 734.39 | 1256.33 |
| 15 | 汀祖镇 | 4.20 | 18.03 | 18.23 | 40.46 | 7.13 | 45.07 | 64.89 | 117.09 | 9.44 | 57.69 | 82.02 | 149.15 |
| 16 | 花湖新城 | 6.68 | 28.56 | 28.87 | 64.11 | 11.34 | 71.40 | 102.79 | 185.53 | 15.01 | 91.39 | 129.93 | 236.33 |
| 17 | 燕矶镇 | 3.65 | 11.36 | 11.48 | 26.49 | 6.20 | 28.40 | 40.87 | 75.47 | 8.21 | 36.35 | 51.67 | 96.23 |
| | 合计 | 96.58 | 494.16 | 311.37 | 902.11 | 164 | 1235 | 1108 | 2507 | 217 | 1581 | 1401 | 3199 |

亿 $m^3$、工业需水 6.15 亿 $m^3$、生活需水（含：城镇生活用水、农村生活用水、城镇绿化用水）1.05 亿 $m^3$，分别占比 29.76%，60%，10.24%。基准年的一次平衡下可利用水资源量为 9.4 亿 $m^3$，其中农业供水 2.51 亿 $m^3$，工业供水 5.86 亿 $m^3$，生活供水 1.03 亿 $m^3$。总体缺水率 8.2%，其中农业总体缺水率 17.7%，工业总体缺水率 4.7%，生活总体缺水率 1.9%。

基准年鄂州市各区域需水预测见表 4.5。

表 4.5　　　　　　　基准年鄂州市各区域需水预测表　　　　　　单位：万 $m^3$

| 序号 | 区域名称 | 农业需水 | 工业需水 | 生活需水 | 需水总量 |
|---|---|---|---|---|---|
| 1 | 太和镇梁子湖区 | 1841.00 | 448.94 | 236.72 | 2526.66 |
| 2 | 涂家垴镇梁子湖区 | 3961.00 | 322.43 | 169.65 | 4453.08 |
| 3 | 沼山镇梁子湖区 | 1838.00 | 366.28 | 192.90 | 2397.19 |
| 4 | 梁子镇梁子湖区 | 557.00 | 28.73 | 14.93 | 600.66 |
| 5 | 东沟镇梁子湖区 | 2178.00 | 342.60 | 180.54 | 2701.14 |
| 6 | 红莲湖新城华容区 | 1797.00 | 1646.96 | 221.42 | 3665.38 |
| 7 | 长港办事处梁子湖区 | 1193.00 | 133.94 | 71.24 | 1398.17 |
| 8 | 碧石渡镇鄂城区 | 637.00 | 514.58 | 268.06 | 1419.64 |
| 9 | 泽林镇鄂城区 | 1534.00 | 1083.22 | 564.75 | 3181.97 |
| 10 | 杜山镇鄂城区 | 1397.00 | 418.32 | 218.12 | 2033.44 |
| 11 | 葛华新城华容区 | 4579.00 | 40303.02 | 1240.40 | 46122.42 |
| 12 | 蒲团乡华容区 | 2056.00 | 1258.12 | 161.44 | 3475.56 |
| 13 | 段店镇华容区 | 1653.00 | 1779.26 | 228.64 | 3660.90 |
| 14 | 主城区鄂城区 | 766.00 | 9461.05 | 4783.85 | 15010.90 |
| 15 | 汀祖镇鄂城区 | 1266.00 | 1056.25 | 550.68 | 2872.93 |
| 16 | 花湖新城鄂城区 | 2140.00 | 1673.41 | 1064.15 | 4877.56 |
| 17 | 燕矶镇鄂城区 | 1081.00 | 665.54 | 347.13 | 2093.66 |
| | 合　计 | 30474.00 | 61502.65 | 10514.62 | 102491.26 |

### 2. 2030 水平年用水需求

2030 年区域总需水量为 11.97 亿 m³，其中农业需水 3.05 亿 m³、工业需水 6.50 亿 m³、生活需水（含：城镇生活用水、农村生活用水、城镇绿化用水）2.42 亿 m³。

2030 年一次平衡下水资源可利用量为 10.81 亿 m³，其中农业供水 2.24 亿 m³，工业供水 6.19 亿 m³，生活供水 2.38 亿 m³。总体缺水率 9.7%，其中农业总体缺水率 26.6%，工业总体缺水率 4.8%，生活总体缺水率 1.7%。

2030 年鄂州市各区域需水预测见表 4.6。

表 4.6　　　　　2030 年鄂州市各区域需水预测表　　　　　单位：万 m³

| 序号 | 区域名称 | 农业需水 | 工业需水 | 生活需水 | 需水总量 |
|------|----------|----------|----------|----------|----------|
| 1 | 太和镇梁子湖区 | 1841.00 | 502.87 | 662.80 | 3006.67 |
| 2 | 涂家垴镇梁子湖区 | 3961.00 | 361.12 | 475.52 | 4797.64 |
| 3 | 沼山镇梁子湖区 | 1838.00 | 410.26 | 540.40 | 2788.65 |
| 4 | 梁子镇梁子湖区 | 557.00 | 32.13 | 42.11 | 631.24 |
| 5 | 东沟镇梁子湖区 | 2178.00 | 383.80 | 365.98 | 2927.78 |
| 6 | 红莲湖新城华容区 | 1797.00 | 1844.75 | 765.73 | 4407.49 |
| 7 | 长港办事处梁子湖区 | 1193.00 | 150.07 | 199.27 | 1542.33 |
| 8 | 碧石渡镇鄂城区 | 637.00 | 576.45 | 566.71 | 1780.16 |
| 9 | 泽林镇鄂城区 | 1534.00 | 1213.39 | 1194.26 | 3941.65 |
| 10 | 杜山镇鄂城区 | 1397.00 | 468.59 | 461.20 | 2326.80 |
| 11 | 葛华新城华容区 | 4579.00 | 41233.85 | 3581.55 | 49394.40 |
| 12 | 蒲团乡华容区 | 2056.00 | 1409.19 | 453.37 | 3918.56 |
| 13 | 段店镇华容区 | 1653.00 | 1992.96 | 641.75 | 4287.70 |
| 14 | 主城区鄂城区 | 766.00 | 10597.10 | 10058.10 | 21421.20 |
| 15 | 汀祖镇鄂城区 | 1266.00 | 1183.13 | 1164.51 | 3613.64 |
| 16 | 花湖新城鄂城区 | 2140.00 | 1874.25 | 2188.03 | 6202.28 |
| 17 | 燕矶镇鄂城区 | 1081.00 | 745.42 | 870.76 | 2697.18 |
| | 合　计 | 30474.00 | 64979.33 | 24232.05 | 119685.37 |

### 3. 2040 水平年用水需求

2040 年区域总需水量为 12.53 亿 m³，其中农业需水 3.05 亿 m³、工业需水 6.58 亿 m³、生活需水（含：城镇生活用水、农村生活用水、城镇绿化用水）2.90 亿 m³。

2040 年一次平衡下水资源可利用量为 11.23 亿 m³，其中农业供水 2.12 亿 m³，工业供水 6.26 亿 m³，生活供水 2.85 亿 m³。总体缺水率 10.4%，其中农业总体缺水率 30.5%，工业总体缺水率 4.9%，生活总体缺水率 1.7%。

2040 年鄂州市各区域需水预测见表 4.7。

表 4.7　　　　　　　　**2040 年鄂州市各区域需水预测表**　　　　单位：万 m³

| 序号 | 区域名称 | 农业需水 | 工业需水 | 生活需水 | 需水总量 |
|---|---|---|---|---|---|
| 1 | 太和镇梁子湖区 | 1841.00 | 514.83 | 859.01 | 3214.84 |
| 2 | 涂家垴镇梁子湖区 | 3961.00 | 369.81 | 616.28 | 4947.09 |
| 3 | 沼山镇梁子湖区 | 1838.00 | 420.08 | 700.25 | 2958.34 |
| 4 | 梁子镇梁子湖区 | 557.00 | 32.89 | 54.47 | 644.35 |
| 5 | 东沟镇梁子湖区 | 2178.00 | 392.99 | 655.69 | 3226.69 |
| 6 | 红莲湖新城华容区 | 1797.00 | 1889.01 | 950.56 | 4636.57 |
| 7 | 长港办事处梁子湖区 | 1193.00 | 153.59 | 258.51 | 1605.10 |
| 8 | 碧石渡镇鄂城区 | 637.00 | 590.31 | 671.36 | 1898.67 |
| 9 | 泽林镇鄂城区 | 1534.00 | 1242.48 | 1414.44 | 4190.92 |
| 10 | 杜山镇鄂城区 | 1397.00 | 479.81 | 546.14 | 2422.95 |
| 11 | 葛华新城华容区 | 4579.00 | 41442.59 | 4439.79 | 50461.38 |
| 12 | 蒲团乡华容区 | 2056.00 | 1442.96 | 581.27 | 4080.23 |
| 13 | 段店镇华容区 | 1653.00 | 2040.71 | 822.40 | 4516.11 |
| 14 | 主城区鄂城区 | 766.00 | 10851.40 | 11562.85 | 23180.26 |
| 15 | 汀祖镇鄂城区 | 1266.00 | 1211.48 | 1379.19 | 3856.67 |
| 16 | 花湖新城鄂城区 | 2140.00 | 1919.24 | 2518.37 | 6577.60 |
| 17 | 燕矶镇鄂城区 | 1081.00 | 763.30 | 1002.21 | 2846.51 |
| | 合　计 | 30474.00 | 65757.48 | 29032.79 | 125264.28 |

# 4.2 模型单元划分

## 4.2.1 单元划分

单元的划分方法：根据鄂州市流域水利工程特点、河网水系等实际情况，基于水资源综合模拟与调控模型（General Water Allocation and Simution Software，GWAS）的原理与方法，构建鄂州市流域水资源配置模型。模型单元采用行政分区套水资源分区原则进行基本单元划分。研究区域包括17个乡镇级行政分区，共3个水资源分区分别为梁子湖、华容区和鄂城区。根据行政分区叠加水资源分区剖分计算单元原则，将研究区域划分为17个计算单元，生成并提取，计算单元分布如图4.4所示。行政分区编码

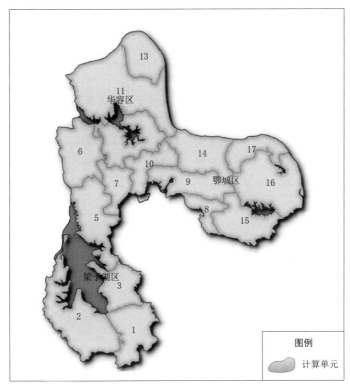

图 4.4 计算单元分布图

采用国家-省-市-县-镇的标准编码，流域分区编码采用国家水资源 10 个流域分区的标准编码，计算单元编码生成规则是流域分区编码＋行政分区编码。计算单元基本情况见表4.8。

表 4.8　　　　　　　　　　　计 算 单 元 基 本 情 况

| 单元 ID | 计算单元编码 | 行政分区 | 水资源分区 | 计算单元名 | 面积/km² |
|---|---|---|---|---|---|
| 1 | F10040142070200 | 太和镇 | 梁子湖 | 太和镇梁子湖区 | 78.9327 |
| 2 | F10040142070201 | 涂家垴镇 | 梁子湖 | 涂家垴镇梁子湖区 | 149.1099 |
| 3 | F10040142070202 | 沼山镇 | 梁子湖 | 沼山镇梁子湖区 | 64.6593 |
| 4 | F10040142070203 | 梁子镇 | 梁子湖 | 梁子镇梁子湖区 | 120.2967 |
| 5 | F10040142070204 | 东沟镇 | 梁子湖 | 东沟镇梁子湖区 | 82.961 |
| 6 | F10040242070305 | 红莲湖新城 | 红莲湖 | 红莲湖新城华容区 | 90.4186 |
| 7 | F10040142070306 | 长港办事处 | 梁子湖 | 长港办事处梁子湖区 | 41.8693 |
| 8 | F10040342070407 | 碧石渡镇 | 花马湖 | 碧石渡镇鄂城区 | 32.6433 |
| 9 | F10040342070408 | 泽林镇 | 花马湖 | 泽林镇鄂城区 | 92.8822 |
| 10 | F10040342070409 | 杜山镇 | 花马湖 | 杜山镇鄂城区 | 59.6453 |
| 11 | F10040242070310 | 葛华新城 | 鸭儿湖 | 葛华新城华容区 | 239.5918 |
| 12 | F10040242070311 | 蒲团乡 | 鸭儿湖 | 蒲团乡华容区 | 91.1738 |
| 13 | F10040242070312 | 段店镇 | 七迹湖 | 段店镇华容区 | 71.5675 |
| 14 | F10040342070413 | 主城区 | 洋澜湖 | 主城区鄂城区 | 96.2487 |
| 15 | F10040342070414 | 汀祖镇 | 花马湖 | 汀祖镇鄂城区 | 76.2357 |
| 16 | F10040342070415 | 花湖新城 | 花马湖 | 花湖新城鄂城区 | 146.6697 |
| 17 | F10040342070416 | 燕玑镇 | 花马湖 | 燕玑镇鄂城区 | 61.5506 |

## 4.2.2　水资源系统网络图

水资源系统网络图是水资源配置模型构建的基础，水资源系统一般由多水源、多工程、多水传输系统、多用户单元等组成，模型主要以点、线的方式概化区域水资源系统各要素。水资源系统网络图将经济、生态环境和复杂水循环系统简化抽象，以包含若干点、线、面形式的网状图形表示。本书主要通过确定研究区域计算单元间汇流关系以及水工程与单元之间的供用水关系确定单元与单元、单元与水库、水库与水库拓扑关系，并生成拓扑关系图，见图 4.5。

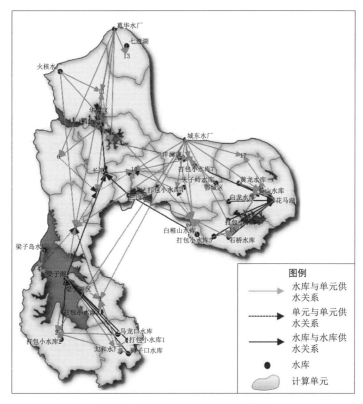

图 4.5　鄂州市水资源系统网络图

# 4.3　水循环模块调参与校验

## 4.3.1　水循环模拟参数校验

自然水循环模块主要包括两个部分：气象数据和下垫面数据。气象数据中包括单元降水和单元蒸发两个选项，按照单元 ID 顺序，导入鄂州市域各计算单元的 1959—2015 年逐月单元面降水量数据和单元面蒸发能力数据。下垫面数据包括土地利用、土壤分布和地质结构三大块。

1. 水循环模拟参数

水循环模拟依据四水转化过程可以分为地表径流、地下径流、蒸散发和壤中流四个部分，进行区域水循环模拟需要输入模型产汇流计算参数，主要包括产汇流参数和污染参数，具体参数见表 4.9。

表 4.9 水 循 环 模 拟 参 数

| 过程 | 参数名 | 参 数 说 明 | 初始值 | 最终值 |
|---|---|---|---|---|
| 蒸散发 | $K_{es}$ | 单元截留蒸发调节系数，受单元下垫面特征影响 | 0.12 | 0.12～0.15 |
| | $K_{el}$ | 单元土壤蒸发调节系数，受植被类型影响 | 1.3 | 1.1～1.8 |
| | $K_{ck}$ | 浅层水蒸发调节系数 | 0.03 | 0.02 |
| 地表产流 | $F_s$ | 土壤最大下渗能力 | 30 | 50 |
| | $U_s$ | 土壤饱和含水度 | 0.1 | 0.1 |
| 壤中流 | $\alpha_{ss}$ | 土壤壤中流的出流系数 | 0.6 | 0.8 |
| | $\alpha_{sx}$ | 土壤对浅层地下水的补给系数 | 0.2 | 0.18 |
| 地下径流 | $\alpha_{xk}$ | 浅层地下径流系数 | 0.002 | 0.00018 |
| | $\alpha_{xm}$ | 深层地下径流系数 | 0.0001 | 0 |
| | $\beta$ | 浅层补给深层水系数 | 0.0001 | 0 |

2. 自然水循环模块模拟运行

鄂州市水资源动态模拟计算，进行流域面降水排频，见图 4.6。依据排频结果，1967 年为平水年，2011 年为枯水年，1971 年为特枯水年，选择规则模拟的模型求解方法，运行模型。

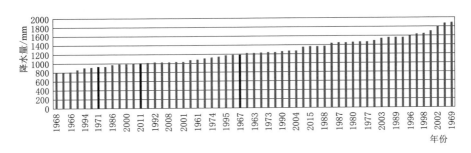

图 4.6　鄂州市降水排频图

## 4.3.2　模型参数率定结果

模型模拟评价包括断面径流量模拟和特征频率下径流总量评价。在进行模型模拟运行计算后查看模型模拟相关系数和 Nash 效率系数，并自动生成模拟计算和实测数据的对比图表。

确定模型模拟期为 1959—2015 年，为验证模型运行计算结果的准确性需要导入研究区域监测断面实测水量数据进行模型校验，本书导入樊口水文站 1959—2015 年的实测年径流量，水文断面所在计算单元号为 14。模型模拟得到的是单元出口断面流量，需与水文断面和单元出口断面控制面积比例相乘得到断面模拟流量。本书中单元出口/断面径流比值为 1，调参周期设置为 1959—1990 年❶，验证周期设置为 1991—2015 年。

（1）断面径流过程。模拟效果评价选用相关系数 $R^2$ 和 Nash 效率系数作为评价指标，模型断面流量模拟效果指标见表 4.10。选取樊口水文站作为监测断面，研究区的断面径流模拟值与实测值对比如图 4.7 所示。

表 4.10　　　　　　　　模型断面流量模拟效果指标

| 水文站 | 评价指标 | 校验期（1960—1990 年） | 验证期（1991—2015 年） |
|---|---|---|---|
| 樊口 | $R^2$ | 0.93 | 0.88 |
| | Nash 效率系数 | 0.85 | 0.78 |

---

❶　1959 年为模型预热期，1960—1990 年为校验期。

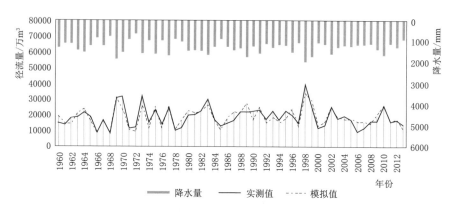

图 4.7　樊口站断面径流模拟值与实测值对比

（2）特征频率径流总量。模拟效果选用相对误差率作为评价指标，用于表示模型在水资源评价中的实用性。樊口站频率年径流总量模拟误差如图 4.8 所示。

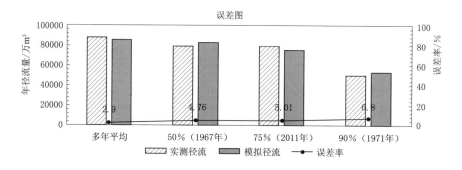

图 4.8　樊口站频率年径流总量模拟误差

由表 4.10 得，樊口站调参期与验证期的 $R^2$ 均大于 0.8，说明模型模拟值与实测径流量为极强相关；同时 Nash 系数均大于 0.65。同时，在频率年下年径流总量模拟相对误差均小于 7%，表明模型模拟值与实测值的吻合度较好，模型模拟精度较高，可以进入经济社会模块的参数矫正。

# 4.4 经济社会用水模块调参与校验

## 4.4.1 模型参数率定校验

依据研究区实际情况,按照单元中不同行业的需水比例,设定配置模型参数。以规划年供水数据作为实测数据与模拟供水进行对比分析,输入规划年供需水数据,构建配置模型,并进行水资源经济社会水循环模块调参与矫正。

### 1. 供水侧率定要求

根据供水服务对象及供水途径不同,鄂州市集中供水系统可分为三类独立子系统。第一类是由自来水厂和相应管网组成的城镇公共供水系统,主要为城镇居民、第二产业和第三产业用户供水;第二类是由工业企业自备水厂及管道组成的自备供水系统,主要为工业用户供水;第三类是由水库、引水闸、泵站及渠道等组成的农业灌溉供水系统,主要为农业输水。此外,还存在为部分农村居民供水的分散供水设施。这三类系统由于用水对象特点不同、水源水量保证程度不同及供水设施规模不同,供水能力有很大差异。

鄂州市水资源配置模块供水侧数据包括水库时段入库径流量、河网时段来水量、浅层水时段来水量。

### 2. 需水侧率定要求

社会经济用水模块需水侧数据直接采用规划年行业供用水实测数据进行校验。

## 4.4.2 模型参数率定结果

通过水资源配置模型计算,依据各行业各水源的分水比,得到经济社会用水模块供水单元及各行业配置误差率,如图 4.9 和图 4.10 所示。2017 年行业实际供水量与模拟供水量对比见表 4.11。

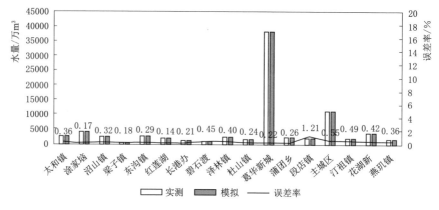

图 4.9　供水单元配置误差率

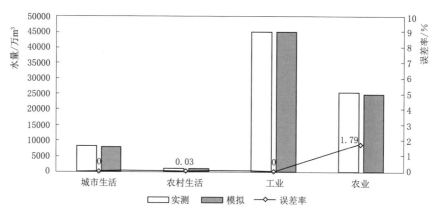

图 4.10　各行业配置误差率

表 4.11　　　　　　　2017 年行业实际供水量与模拟供水量对比

| 供水结构 | 城镇生活 | 农村生活 | 工业 | 农业 | 总量 |
|---|---|---|---|---|---|
| 现状供水量/万 m³ | 8373 | 1077 | 45277 | 25653 | 80380 |
| 模拟供水量/万 m³ | 8373 | 1077 | 45278 | 25194 | 79920 |

由各参数率定结果来看，2017 年鄂州市域内供水总量 8.038 亿 m³，模拟结果输出为 7.992 亿 m³，总量误差在 0.6% 以内。由各计算单元配置结果来看，各区误差率均小于 2%；从研究区各行业供水量模拟结果看，误差率小于 2%。说明经济社会用水模块配置模拟效果较好，精度较高。

| 第5章 | 鄂州市水资源综合调控<br>与应用分析 |
|---|---|

# 5.1 场景设置

为切合我国目前提出的高质量发展与生态大保护重大战略，探索高效合理的水资源保护与经济社会高质量发展途径，本书在"自然-社会"二元水循环模拟基础上，耦合水资源供需配置和效益资产再分配的股权配置方法，开发构建水资源二元模拟与股权合作配置模型，研究资产重构理念下的水资源配置策略。

结合二元水循环理论，将农业、工业、生活三大用水主体作为水循环系统"社会侧"的主要代表，以河道内天然径流量作为"自然侧"的主要代表。水资源是人类活动和社会经济发展不可或缺的基础性资源，社会侧的取用耗排过程将会对自然侧形成冲击和扰动，从而导致河川断流、生态恶化、环境破坏等自然侧损失。将社会端的用水带来的经济效益（产业增加值）视为股权合作模式下的利益所得，将社会侧超出应有限度的取水，视为对自然侧的负债。基于股权合作的决策分析模块（WAS－M），刻画经济社会产业用水与生态环境用水的竞争再平衡边界，综合考虑不同场景下合作集体的内外关系，本着"利益共享、债务共担"的原则，研究外部债权方（自然侧）对于股权合作集体（社会侧）的贡献大小及其对应的水资源配置格局。

鄂州市水资源配置情景方案从供水侧和用水侧两个方面及其关键影响要素进行设置：首先，以现状为基础，包括现状用水结构和用水水平、供水结构和工程布局、现状生态格局等；其次，参照各类规划，包括区域经济社会发展、生态环境保护、产业结构调整、水利工程及节水治污等规划；最后，充分考虑外调水因子、地下水因子、非常规供水因子等。在尊重历史和现状的基础上，考虑研究区域的实际情况，以鄂州市水资源现状（2017 年）为基准方法方案，按照先节水、再挖潜、后调水的水资源开发利用原则，结合第 2 章基于股权合作的配置策略，进行如下场景设置。

### 1. 基准年水资源配置

以鄂州市基准年水资源一次平衡配置下的水资源开发利用情势作为基础场景，分析现状水平下鄂州市用水供需矛盾。即：以现阶段社会经济发展格局为基准，根据现阶段需水定额对需水侧做出预测，以现阶段实际水资源开发利用与供水格局作为供给侧。针对社会端的三大用水户：农业、工业、生活用水，分别进行基于资产重构理念下水资源配置策略研究和稳定性评价，从而找到最优的配置策略，作为社会端用水的基础股权架构，并将其作为"自然-社会"二元水循环下的社会端经济效益分析与评价的基础。

### 2. 2030 年水资源配置

以鄂州市 2030 水平年的水资源一次平衡配置下的水资源开发利用情势作为第二个研究场景，分析鄂州市用水供需矛盾。即：以目前的社会经济发展速度，在不考虑节水增效措施上马和重大产业结构变迁的前提下，到 2030 年研究区域的用水情势作为需水侧格局，以多年平均来水量下水资源情势作为供水侧格局。针对社会端的三大用水户：农业、工业、生活用水，分别进行基于资产重构理念下水资源配置策略研究和稳定性评价，从而找到最优的配置策略，作为 2030 年社会端用水的基础股权架构。

### 3. 2040 年水资源配置

以鄂州市 2040 水平年的水资源一次平衡配置下的水资源开发利用情势作为第二个研究场景，分析鄂州市用水供需矛盾。即：以目前的社会经济发展速度，在不考虑节水增效措施上马和重大产业结构变迁的前提下，到 2040 年研究区域的用水情势作为需水侧格局，以多年平均来水量下水资源情势作为供水侧格局。针对社会端的三大用水户：农业、工业、生活用水，分别进行基于资产重构理念下水资源配置策略研究和稳定性评价，从而找到最优的配置策略，作为 2040 年社会端用水的基础股权架构。

# 5.2　水资源配置方案求解与评估

## 5.2.1　基准年水资源配置策略与评估（场景一）

### 1. 资产重构理念下的配置策略

在不使用外调水的情况下，鄂州市区域水资源量无法满足当地用水需求，供需矛盾较大，基于资产重构理念，采用不同的配置策略，分别对农业、工业、生活三大用水部门进行水资源配置，其结果见表 5.1～表 5.3。

### 2. 配置策略稳定性分析

基于资产重构理念对基准年水资源进行不同策略的配置，判断不同策略下结果的稳定性问题。

（1）基于"权力指数"的稳定性评价。权力指数可以有效反映参与方的贡献大小和合作意愿，当参与者之间的权力分配越平均（权力指数越趋同），整个合作系统越稳定。利用稳定性指数（the bankruptcy allocation stability index，BASI）来分别评价流域内农业、工业、生活三大用水户在不同的策略下的结果稳定性，BASI 的值越低，说明该结果越稳定。基准年 BASI 指数如图 5.1 所示。

在 BASI 稳定性评价中，农业用水中 CEA 准则和 T 准则最佳，工业的最优准则为 P 准则，而生活的最优准则为 AP 准则；而 CEA 准则和 T 准则在区域综合稳定性上表现最好，是较为稳健的分配方案。

（2）基于折衷规划法的稳定性评价。将区域位置及区域对于流域的水资源贡献大小纳入评价因素，而形成的基于折衷规划法的 CPBSI 稳定性指标，用以分别评价流域内农业、工业、生活三大用水户在不同策略下的稳定性，CPBSI 的值越低，说明该结果越稳定。基准年 CPBSI 指数如图 5.2 所示。

表 5.1　基准年农业用水配置策略

单位：万 m³

| 序号 | 名称 | 农业需水 | 农业供水策略 | | | | | | | |
|---|---|---|---|---|---|---|---|---|---|---|
| | | | P 准则 | AP 准则 | CEA 准则 | CEL 准则 | Pin 准则 | T 准则 | AMO 准则 |
| 1 | 太和镇梁子湖区 | 1841.00 | 1521.33 | 1521.33 | 1841.00 | 1529.78 | 1574.66 | 1841.00 | 1602.34 |
| 2 | 涂家垴镇梁子湖区 | 3961.00 | 3273.21 | 3273.21 | 1924.66 | 3649.78 | 2634.66 | 1924.66 | 2860.53 |
| 3 | 沼山镇梁子湖区 | 1838.00 | 1518.85 | 1518.85 | 1838.00 | 1526.78 | 1573.16 | 1838.00 | 1600.34 |
| 4 | 梁子镇梁子湖区 | 557.00 | 460.28 | 460.28 | 557.00 | 245.78 | 557.00 | 557.00 | 507.25 |
| 5 | 东沟镇梁子湖区 | 2178.00 | 1799.81 | 1799.81 | 1924.66 | 1866.78 | 1743.16 | 1924.66 | 1736.14 |
| 6 | 红莲湖新城华容区 | 1797.00 | 1484.97 | 1484.97 | 1797.00 | 1485.78 | 1552.66 | 1797.00 | 1570.33 |
| 7 | 长港办事处梁子湖区 | 1193.00 | 985.85 | 985.85 | 1193.00 | 881.78 | 1193.00 | 1193.00 | 1073.49 |
| 8 | 碧石渡镇鄂城区 | 637.00 | 526.39 | 526.39 | 637.00 | 325.78 | 637.00 | 637.00 | 579.59 |
| 9 | 泽林镇鄂城区 | 1534.00 | 1267.64 | 1267.64 | 1534.00 | 1222.78 | 1421.16 | 1534.00 | 1362.26 |
| 10 | 杜山镇鄂城区 | 1397.00 | 1154.42 | 1154.42 | 1397.00 | 1085.78 | 1352.66 | 1397.00 | 1248.20 |
| 11 | 葛华新城华容区 | 4579.00 | 3783.90 | 3783.90 | 1924.66 | 4267.78 | 2943.66 | 1924.66 | 3306.84 |
| 12 | 蒲团乡华容区 | 2056.00 | 1698.99 | 1698.99 | 1924.66 | 1744.78 | 1682.16 | 1924.66 | 1721.32 |
| 13 | 段店镇华容区 | 1653.00 | 1365.97 | 1365.97 | 1653.00 | 1341.78 | 1480.66 | 1653.00 | 1458.48 |
| 14 | 主城区鄂城区 | 766.00 | 632.99 | 632.99 | 766.00 | 454.78 | 766.00 | 766.00 | 695.30 |
| 15 | 汀祖镇鄂城区 | 1266.00 | 1046.17 | 1046.17 | 1266.00 | 954.78 | 1266.00 | 1266.00 | 1136.71 |
| 16 | 花湖新城鄂城区 | 2140.00 | 1768.41 | 1768.41 | 1924.66 | 1828.78 | 1724.16 | 1924.66 | 1749.05 |
| 17 | 燕矶镇鄂城区 | 1081.00 | 893.29 | 893.29 | 1081.00 | 769.78 | 1081.00 | 1081.00 | 975.13 |
| | 合计 | 30474.00 | 25182.47 | 25182.47 | 25183.30 | 25183.26 | 25182.76 | 25183.30 | 25183.30 |

表 5.2    基准年工业用水配置策略

单位：万 m³

| 序号 | 名称 | 工业需水 | 工 业 供 水 策 略 | | | | | | |
|---|---|---|---|---|---|---|---|---|---|
| | | | P 准则 | AP 准则 | CEA 准则 | CEL 准则 | Pin 准则 | T 准则 | AMO 准则 |
| 1 | 太和镇梁子湖区 | 448.94 | 427.56 | 374.22 | 448.94 | 264.53 | 448.94 | 448.94 | 446.67 |
| 2 | 涂家垴镇梁子湖区 | 322.43 | 307.08 | 268.77 | 322.43 | 138.02 | 322.43 | 322.43 | 320.92 |
| 3 | 沼山镇梁子湖区 | 366.28 | 348.84 | 305.32 | 366.28 | 181.87 | 366.28 | 366.28 | 364.53 |
| 4 | 梁子镇梁子湖区 | 28.73 | 27.36 | 23.95 | 28.73 | 0.00 | 28.73 | 28.73 | 28.61 |
| 5 | 东沟镇梁子湖区 | 342.60 | 326.28 | 285.57 | 342.60 | 158.18 | 342.60 | 342.60 | 340.98 |
| 6 | 红莲湖新城华容区 | 1646.96 | 1568.53 | 1372.83 | 1646.96 | 1462.54 | 1646.96 | 1646.96 | 1631.39 |
| 7 | 长港办事处梁子湖区 | 133.94 | 127.56 | 111.64 | 133.94 | 0.00 | 133.94 | 133.94 | 133.34 |
| 8 | 碧石渡镇鄂城区 | 514.58 | 490.08 | 428.93 | 514.58 | 330.17 | 514.58 | 514.58 | 511.84 |
| 9 | 泽林镇鄂城区 | 1083.22 | 1031.64 | 902.92 | 1083.22 | 898.80 | 1083.22 | 1083.22 | 1075.42 |
| 10 | 杜山镇鄂城区 | 418.32 | 398.40 | 348.69 | 418.32 | 233.90 | 418.32 | 418.32 | 416.25 |
| 11 | 葛华新城华容区 | 40303.02 | 38383.83 | 39815.56 | 37374.13 | 40118.61 | 37374.23 | 37374.13 | 37764.13 |
| 12 | 蒲团乡鄂城区 | 1258.12 | 1198.21 | 1048.71 | 1258.12 | 1073.70 | 1258.12 | 1258.12 | 1248.21 |
| 13 | 段店镇华容区 | 1779.26 | 1694.53 | 1483.11 | 1779.26 | 1594.84 | 1779.26 | 1779.26 | 1760.65 |
| 14 | 主城区鄂城区 | 9461.05 | 9010.52 | 8973.59 | 9461.05 | 9276.63 | 9461.05 | 9461.05 | 9163.33 |
| 15 | 汀祖镇鄂城区 | 1056.25 | 1005.95 | 880.44 | 1056.25 | 871.83 | 1056.25 | 1056.25 | 1048.74 |
| 16 | 花湖新城鄂城区 | 1673.41 | 1593.72 | 1394.88 | 1673.41 | 1488.99 | 1673.41 | 1673.41 | 1657.37 |
| 17 | 燕矶镇鄂城区 | 665.54 | 633.84 | 554.76 | 665.54 | 481.12 | 665.54 | 665.54 | 661.57 |
| | 合 计 | 61502.65 | 58573.93 | 58573.89 | 58573.76 | 58573.73 | 58573.86 | 58573.76 | 58573.95 |

表 5.3　　　　　基准年生活用水配置策略

单位：万 m³

| 序号 | 名 称 | 生活需水 | 生 活 供 水 策 略 | | | | | | | | |
|------|------|---------|------|------|------|------|------|------|------|------|
| | | | P 准则 | AP 准则 | CEA 准则 | CEL 准则 | Pin 准则 | T 准则 | AMO 准则 |
| 1 | 太和镇梁子湖区 | 236.72 | 232.08 | 222.82 | 236.72 | 224.59 | 236.72 | 236.72 | 235.98 |
| 2 | 涂家垴镇梁子湖区 | 169.65 | 166.32 | 158.21 | 169.65 | 157.52 | 169.65 | 169.65 | 169.17 |
| 3 | 沼山镇梁子湖区 | 192.90 | 189.12 | 179.90 | 192.90 | 180.77 | 192.90 | 192.90 | 192.35 |
| 4 | 梁子镇梁子湖区 | 14.93 | 14.64 | 13.93 | 14.93 | 2.80 | 14.93 | 14.93 | 14.89 |
| 5 | 东沟镇梁子湖区 | 180.54 | 177.00 | 168.37 | 180.54 | 168.41 | 180.54 | 180.54 | 180.03 |
| 6 | 红莲湖新城华容区 | 221.42 | 217.08 | 207.52 | 221.42 | 209.29 | 221.42 | 221.42 | 220.75 |
| 7 | 长港办事处梁子湖区 | 71.24 | 69.84 | 66.43 | 71.24 | 59.11 | 71.24 | 71.24 | 71.05 |
| 8 | 碧石渡镇鄂城区 | 268.06 | 262.80 | 254.16 | 268.06 | 255.93 | 268.06 | 268.06 | 267.12 |
| 9 | 泽林镇鄂城区 | 564.75 | 553.68 | 550.86 | 564.75 | 552.62 | 564.75 | 564.75 | 561.34 |
| 10 | 杜山镇鄂城区 | 218.12 | 213.84 | 204.22 | 218.12 | 205.99 | 218.12 | 218.12 | 217.46 |
| 11 | 葛华新城华容区 | 1240.40 | 1216.08 | 1226.50 | 1240.40 | 1228.27 | 1240.40 | 1240.40 | 1226.01 |
| 12 | 蒲团乡华容区 | 161.44 | 158.28 | 150.56 | 161.44 | 149.32 | 161.44 | 161.44 | 161.00 |
| 13 | 段店镇华容区 | 228.64 | 224.16 | 214.75 | 228.64 | 216.52 | 228.64 | 228.64 | 227.94 |
| 14 | 主城区鄂城区 | 4783.85 | 4690.05 | 4769.95 | 4577.67 | 4771.72 | 4577.68 | 4577.67 | 4616.75 |
| 15 | 汀祖镇鄂城区 | 550.68 | 539.88 | 536.78 | 550.68 | 538.55 | 550.68 | 550.68 | 547.42 |
| 16 | 花湖新城鄂城区 | 1064.15 | 1043.29 | 1050.26 | 1064.15 | 1052.03 | 1064.15 | 1064.15 | 1053.57 |
| 17 | 燕矶镇鄂城区 | 347.13 | 340.32 | 333.23 | 347.13 | 335.00 | 347.13 | 347.13 | 345.62 |
| | 合　计 | 10514.62 | 10308.46 | 10308.45 | 10308.44 | 10308.44 | 10308.45 | 10308.44 | 10308.45 |

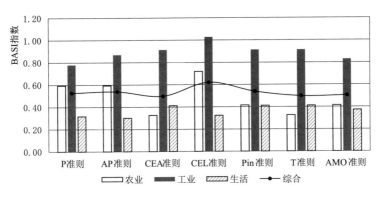

图 5.1 基准年 BASI 指数

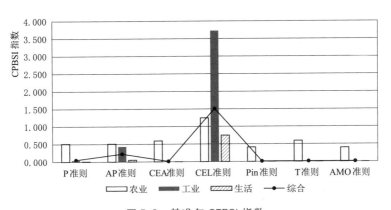

图 5.2 基准年 CPBSI 指数

在 CPBSI 稳定性评价中，农业用水中 AMO 准则表现最好，工业和生活用水中表现良好的有 CEA 准则、Pin 准则和 T 准则。在综合稳定性的评价上则是 AMO 准则和 Pin 准则最佳。

## 5.2.2 2030 年水资源配置策略与评估（场景二）

### 1. 资产重构理念下的配置策略

在一次水资源平衡下，鄂州市区域水资源量无法满足当地用水需求，基于资产重构理念，采用不同的配置策略，分别对农业、工业、生活三大用水部门进行水资源配置，其结果见表 5.4～表 5.6。

表5.4 2030年农业用水配置策略

单位：万m³

| 序号 | 名称 | 农业需水 | 农业供水策略 | | | | | | |
|---|---|---|---|---|---|---|---|---|---|
| | | | P准则 | AP准则 | CEA准则 | CEL准则 | Pin准则 | T准则 | AMO准则 |
| 1 | 太和镇梁子湖区 | 1841.00 | 1350.82 | 1350.82 | 1547.76 | 1363.75 | 1359.31 | 1547.76 | 1474.91 |
| 2 | 涂家垴镇梁子湖区 | 3961.00 | 2906.35 | 2906.35 | 1547.76 | 3483.75 | 2419.31 | 1547.76 | 2273.57 |
| 3 | 沼山镇梁子湖区 | 1838.00 | 1348.62 | 1348.62 | 1547.76 | 1360.75 | 1357.81 | 1547.76 | 1473.46 |
| 4 | 梁子镇梁子湖区 | 557.00 | 408.69 | 408.69 | 557.00 | 79.75 | 557.00 | 557.00 | 480.69 |
| 5 | 东沟镇梁子湖区 | 2178.00 | 1598.09 | 1598.09 | 1547.76 | 1700.75 | 1527.81 | 1547.76 | 1500.22 |
| 6 | 红莲湖新城华容区 | 1797.00 | 1318.54 | 1318.54 | 1547.76 | 1319.75 | 1337.31 | 1547.76 | 1449.31 |
| 7 | 长港办事处梁子湖区 | 1193.00 | 875.35 | 875.35 | 1193.00 | 715.75 | 1035.31 | 1193.00 | 1009.68 |
| 8 | 碧石渡镇鄂城区 | 637.00 | 467.39 | 467.39 | 637.00 | 159.75 | 637.00 | 637.00 | 548.94 |
| 9 | 泽林镇鄂城区 | 1534.00 | 1125.56 | 1125.56 | 1534.00 | 1056.75 | 1205.81 | 1534.00 | 1270.57 |
| 10 | 杜山镇鄂城区 | 1397.00 | 1025.04 | 1025.04 | 1397.00 | 919.75 | 1137.31 | 1397.00 | 1168.76 |
| 11 | 葛华新城华容区 | 4579.00 | 3359.81 | 3359.81 | 1547.76 | 4101.75 | 2728.31 | 1547.76 | 2628.29 |
| 12 | 蒲团乡华容区 | 2056.00 | 1508.57 | 1508.57 | 1547.76 | 1578.75 | 1466.81 | 1547.76 | 1542.63 |
| 13 | 段店镇华容区 | 1653.00 | 1212.88 | 1212.88 | 1547.76 | 1175.75 | 1265.31 | 1547.76 | 1354.63 |
| 14 | 主城区鄂城区 | 766.00 | 562.05 | 562.05 | 766.00 | 288.75 | 766.00 | 766.00 | 657.55 |
| 15 | 汀祖镇鄂城区 | 1266.00 | 928.92 | 928.92 | 1266.00 | 788.75 | 1071.81 | 1266.00 | 1067.68 |
| 16 | 花湖新城鄂城区 | 2140.00 | 1570.21 | 1570.21 | 1547.76 | 1662.75 | 1508.81 | 1547.76 | 1540.32 |
| 17 | 燕矶镇鄂城区 | 1081.00 | 793.18 | 793.18 | 1081.00 | 603.75 | 979.31 | 1081.00 | 918.60 |
| | 合　计 | 30474.00 | 22360.07 | 22360.07 | 22360.84 | 22360.75 | 22360.34 | 22360.84 | 22359.81 |

表 5.5　2030 年工业用水配置策略

单位：万 m³

| 序号 | 名称 | 工业需水 | 工业供水策略 | | | | | | | | |
|---|---|---|---|---|---|---|---|---|---|---|---|
| | | | P 准则 | AP 准则 | CEA 准则 | CEL 准则 | Pin 准则 | T 准则 | AMO 准则 |
| 1 | 太和镇梁子湖区 | 502.87 | 478.92 | 422.40 | 502.87 | 308.77 | 502.87 | 502.87 | 500.24 |
| 2 | 涂家垴镇梁子湖区 | 361.12 | 343.92 | 303.33 | 361.12 | 167.02 | 361.12 | 361.12 | 359.37 |
| 3 | 沼山镇梁子湖区 | 410.26 | 390.72 | 344.61 | 410.26 | 216.16 | 410.26 | 410.26 | 408.23 |
| 4 | 梁子镇梁子湖区 | 32.13 | 30.60 | 26.99 | 32.13 | 0.00 | 32.13 | 32.13 | 31.99 |
| 5 | 东沟镇梁子湖区 | 383.80 | 365.52 | 322.38 | 383.80 | 189.70 | 383.80 | 383.80 | 381.93 |
| 6 | 红莲湖新城华容区 | 1844.75 | 1756.91 | 1549.56 | 1844.75 | 1650.65 | 1844.75 | 1844.75 | 1826.75 |
| 7 | 长港办事处梁子湖区 | 150.07 | 142.92 | 126.05 | 150.07 | 0.00 | 150.07 | 150.07 | 149.37 |
| 8 | 碧石渡镇鄂城区 | 576.45 | 549.00 | 484.21 | 576.45 | 382.35 | 576.45 | 576.45 | 573.27 |
| 9 | 泽林镇鄂城区 | 1213.39 | 1155.61 | 1019.23 | 1213.39 | 1019.29 | 1213.39 | 1213.39 | 1204.37 |
| 10 | 杜山镇鄂城区 | 468.59 | 446.28 | 393.61 | 468.59 | 274.49 | 468.59 | 468.59 | 466.20 |
| 11 | 葛华新城华容区 | 41233.85 | 39270.33 | 40738.72 | 38140.17 | 41039.75 | 38139.87 | 38140.17 | 38590.44 |
| 12 | 蒲团乡华容区 | 1409.19 | 1342.09 | 1183.70 | 1409.19 | 1215.09 | 1409.19 | 1409.19 | 1397.73 |
| 13 | 段店镇华容区 | 1992.96 | 1898.06 | 1674.06 | 1992.96 | 1798.86 | 1992.96 | 1992.96 | 1971.43 |
| 14 | 主城区鄂城区 | 10597.10 | 10092.47 | 10101.97 | 10597.10 | 10403.00 | 10597.10 | 10597.10 | 10252.74 |
| 15 | 汀祖镇鄂城区 | 1183.13 | 1126.79 | 993.81 | 1183.13 | 989.03 | 1183.13 | 1183.13 | 1174.44 |
| 16 | 花湖新城鄂城区 | 1874.25 | 1785.00 | 1574.34 | 1874.25 | 1680.15 | 1874.25 | 1874.25 | 1855.70 |
| 17 | 燕矶镇鄂城区 | 745.42 | 709.92 | 626.14 | 745.42 | 551.32 | 745.42 | 745.42 | 740.83 |
| | 合计 | 64979.33 | 61885.06 | 61885.11 | 61885.65 | 61885.63 | 61885.35 | 61885.65 | 61885.03 |

表5.6　2030年生活用水配置策略

单位：万 m³

| 序号 | 名称 | 生活需水 | 生活供水策略 | | | | | | |
|---|---|---|---|---|---|---|---|---|---|
| | | | P准则 | AP准则 | CEA准则 | CEL准则 | Pin准则 | T准则 | AMO准则 |
| 1 | 太利镇梁子湖区 | 662.80 | 649.80 | 631.55 | 662.80 | 634.85 | 662.80 | 662.80 | 660.39 |
| 2 | 涂家垴镇梁子湖区 | 475.52 | 466.20 | 444.27 | 475.52 | 447.57 | 475.52 | 475.52 | 474.04 |
| 3 | 沼山镇梁子湖区 | 540.40 | 529.80 | 509.15 | 540.40 | 512.45 | 540.40 | 540.40 | 538.63 |
| 4 | 梁子镇梁子湖区 | 42.11 | 41.28 | 39.34 | 42.11 | 14.16 | 42.11 | 42.11 | 41.99 |
| 5 | 东沟镇梁子湖区 | 365.98 | 358.80 | 341.91 | 365.98 | 338.03 | 365.98 | 365.98 | 364.87 |
| 6 | 红莲湖新城华容区 | 765.73 | 750.72 | 734.48 | 765.73 | 737.78 | 765.73 | 765.73 | 762.63 |
| 7 | 长港办事处梁子湖区 | 199.27 | 195.36 | 186.16 | 199.27 | 171.32 | 199.27 | 199.27 | 198.69 |
| 8 | 碧石渡镇鄂城区 | 566.71 | 555.60 | 535.46 | 566.71 | 538.76 | 566.71 | 566.71 | 564.82 |
| 9 | 泽林镇鄂城区 | 1194.26 | 1170.85 | 1163.01 | 1194.26 | 1166.31 | 1194.26 | 1194.26 | 1187.21 |
| 10 | 杜山镇鄂城区 | 461.20 | 452.16 | 430.87 | 461.20 | 433.25 | 461.20 | 461.20 | 459.77 |
| 11 | 葛华新城华容区 | 3581.55 | 3511.33 | 3550.30 | 3581.55 | 3553.60 | 3581.55 | 3581.55 | 3525.93 |
| 12 | 蒲团乡华容区 | 453.37 | 444.48 | 423.55 | 453.37 | 425.42 | 453.37 | 453.37 | 451.97 |
| 13 | 段店镇华容区 | 641.75 | 629.16 | 610.49 | 641.75 | 613.80 | 641.75 | 641.75 | 639.46 |
| 14 | 主城区鄂城区 | 10058.10 | 9860.88 | 10026.85 | 9582.95 | 10030.15 | 9582.96 | 9582.95 | 9696.53 |
| 15 | 汀祖镇鄂城区 | 1164.51 | 1141.68 | 1133.26 | 1164.51 | 1136.56 | 1164.51 | 1164.51 | 1157.81 |
| 16 | 花湖新城鄂城区 | 2188.03 | 2145.13 | 2156.78 | 2188.03 | 2160.08 | 2188.03 | 2188.03 | 2165.33 |
| 17 | 燕矶镇鄂城区 | 870.76 | 853.69 | 839.51 | 870.76 | 842.81 | 870.76 | 870.76 | 866.83 |
| | 合　计 | 24232.05 | 23756.92 | 23756.94 | 23756.90 | 23756.90 | 23756.91 | 23756.90 | 23756.90 |

### 2. 配置策略稳定性分析

（1）基于"权力指数"的稳定性评价。利用 BASI 来分别评价流域内农业、工业、生活三大用水户在不同的策略下的结果稳定性，2030 年 BASI 指数如图 5.3 所示。

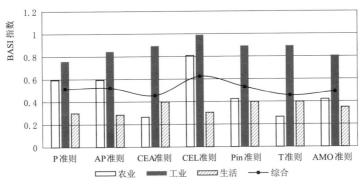

图 5.3　2030 年 BASI 指数

在 BASI 稳定性评价中，农业用水中 CEA 准则和 T 准则最佳，工业的最优准则为 P 准则，而生活的最优准则为 AP 准则；CEA 准则和 T 准则在区域综合稳定性上表现最好，是较为稳健的分配方案。

（2）基于折衷规划法的稳定性评价。将区域位置及区域对于流域的水资源贡献大小纳入评价因素，而形成的基于折衷规划法的 CPBSI 稳定性指标，用以分别评价流域内农业、工业、生活三大用水户在不同策略下的稳定性，CPBSI 的值越低，说明该结果越稳定。2030 年 CPBSI 指数如图 5.4 所示。

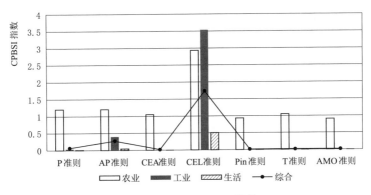

图 5.4　2030 年 CPBSI 指数

在 CPBSI 稳定性评价中，农业用水中 AMO 准则和 Pin 准则表现优异，工业和生活用水中表现良好的有 CEA 准则、Pin 准则和 T 准则。在综合稳定性的评价上优异的有 AMO 准则、T 准则和 Pin 准则。

## 5.2.3　2040 年水资源配置策略与评估（场景三）

### 1. 资产重构理念下的配置策略

在一次水资源平衡下，鄂州市区域水资源量无法满足当地用水需求，基于资产重构理念，采用不同的配置策略，分别对农业、工业、生活三大用水部门进行水资源配置，其结果见表 5.7～表 5.9。

### 2. 配置策略稳定性分析

（1）基于"权力指数"的稳定性评价。利用 BASI 来分别评价流域内农业、工业、生活三大用水户在不同的策略下的结果稳定性，2040 年 BASI 指数如图 5.5 所示。

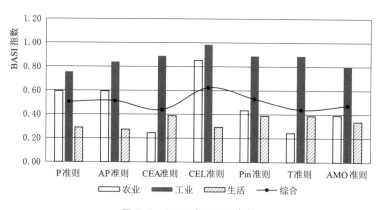

图 5.5　2040 年 BASI 指数

在 BASI 稳定性评价中，农业用水中 CEA 准则和 T 准则最佳，工业的最优准则为 P 准则，而生活的最优准则为 AP 准则；而 CEA 准则和 T 准则在区域综合稳定性上表现最好，是较为稳健的分配方案。

（2）基于折衷规划法的稳定性评价。将区域位置及区域对于流域的水资

表 5.7

单位：万 m³

2040 年农业用水配置策略

| 序号 | 名称 | 农业需水 | 农业供水策略 | | | | | | |
|---|---|---|---|---|---|---|---|---|---|
| | | | P准则 | AP准则 | CEA准则 | CEL准则 | Pin准则 | T准则 | AMO准则 |
| 1 | 太和镇梁子湖区 | 1841.00 | 1283.42 | 1283.42 | 1434.81 | 1298.12 | 1281.20 | 1434.81 | 1424.58 |
| 2 | 涂家垴镇梁子湖区 | 3961.00 | 2761.33 | 2761.33 | 1434.81 | 3418.12 | 2341.20 | 1434.81 | 2041.53 |
| 3 | 沼山镇梁子湖区 | 1838.00 | 1281.33 | 1281.33 | 1434.81 | 1295.12 | 1279.70 | 1434.81 | 1423.33 |
| 4 | 梁子镇梁子湖区 | 557.00 | 388.30 | 388.30 | 557.00 | 14.12 | 557.00 | 557.00 | 470.19 |
| 5 | 东沟镇梁子湖区 | 2178.00 | 1518.35 | 1518.35 | 1434.81 | 1635.12 | 1449.70 | 1434.81 | 1407.02 |
| 6 | 红莲湖新城华容区 | 1797.00 | 1252.74 | 1252.74 | 1434.81 | 1254.12 | 1259.20 | 1434.81 | 1401.50 |
| 7 | 长港办事处梁子湖区 | 1193.00 | 831.68 | 831.68 | 1193.00 | 650.12 | 957.20 | 1193.00 | 984.47 |
| 8 | 碧石渡镇鄂城区 | 637.00 | 444.07 | 444.07 | 637.00 | 94.12 | 637.00 | 637.00 | 536.83 |
| 9 | 泽林镇鄂城区 | 1534.00 | 1069.40 | 1069.40 | 1434.81 | 991.12 | 1127.70 | 1434.81 | 1234.34 |
| 10 | 杜山镇鄂城区 | 1397.00 | 973.89 | 973.89 | 1397.00 | 854.12 | 1059.20 | 1397.00 | 1137.38 |
| 11 | 葛华新城华容区 | 4579.00 | 3192.16 | 3192.16 | 1434.81 | 4036.12 | 2650.20 | 1434.81 | 2360.06 |
| 12 | 蒲团乡华容区 | 2056.00 | 1433.30 | 1433.30 | 1434.81 | 1513.12 | 1388.70 | 1434.81 | 1472.04 |
| 13 | 段店镇华容区 | 1653.00 | 1152.36 | 1152.36 | 1434.81 | 1110.12 | 1187.20 | 1434.81 | 1313.60 |
| 14 | 主城区鄂城区 | 766.00 | 534.00 | 534.00 | 766.00 | 223.12 | 743.70 | 766.00 | 642.64 |
| 15 | 汀祖镇鄂城区 | 1266.00 | 882.57 | 882.57 | 1266.00 | 723.12 | 993.70 | 1266.00 | 1040.40 |
| 16 | 花湖新城鄂城区 | 2140.00 | 1491.86 | 1491.86 | 1434.81 | 1597.12 | 1430.70 | 1434.81 | 1457.86 |
| 17 | 燕矶镇鄂城区 | 1081.00 | 753.60 | 753.60 | 1081.00 | 538.12 | 901.20 | 1081.00 | 896.27 |
| | 合　计 | 30474.00 | 21244.36 | 21244.36 | 21245.10 | 21245.04 | 21245.50 | 21245.10 | 21244.04 |

表 5.8

**2040 年工业用水配置策略**

单位：万 m³

| 序号 | 名 称 | 工业需水 | 工 业 供 水 策 略 | | | | | | | |
|---|---|---|---|---|---|---|---|---|---|---|
| | | | P 准则 | AP 准则 | CEA 准则 | CEL 准则 | Pin 准则 | T 准则 | AMO 准则 |
| 1 | 太和镇梁子湖区 | 514.83 | 490.32 | 433.11 | 514.83 | 318.51 | 514.83 | 514.83 | 512.13 |
| 2 | 涂家垴镇梁子湖区 | 369.81 | 352.20 | 311.10 | 369.81 | 173.48 | 369.81 | 369.81 | 368.00 |
| 3 | 沼山镇梁子湖区 | 420.08 | 400.08 | 353.40 | 420.08 | 223.76 | 420.08 | 420.08 | 418.00 |
| 4 | 梁子镇梁子湖区 | 32.89 | 31.32 | 27.67 | 32.89 | 0.00 | 32.89 | 32.89 | 32.74 |
| 5 | 东沟镇梁子湖区 | 392.99 | 374.28 | 330.61 | 392.99 | 196.67 | 392.99 | 392.99 | 391.06 |
| 6 | 红莲湖新城华容区 | 1889.01 | 1799.06 | 1589.15 | 1889.01 | 1692.68 | 1889.01 | 1889.01 | 1870.45 |
| 7 | 长港办事处梁子湖区 | 153.59 | 146.28 | 129.21 | 153.59 | 0.00 | 153.59 | 153.59 | 152.88 |
| 8 | 碧石渡镇鄂城区 | 590.31 | 562.20 | 496.60 | 590.31 | 393.98 | 590.31 | 590.31 | 587.03 |
| 9 | 泽林镇鄂城区 | 1242.48 | 1183.32 | 1045.25 | 1242.48 | 1046.15 | 1242.48 | 1242.48 | 1233.19 |
| 10 | 杜山镇鄂城区 | 479.81 | 456.96 | 403.64 | 479.81 | 283.48 | 479.81 | 479.81 | 477.35 |
| 11 | 葛华新城华容区 | 41442.59 | 39469.14 | 40945.53 | 38311.21 | 41246.27 | 38311.25 | 38311.21 | 38776.15 |
| 12 | 蒲团乡华容区 | 1442.96 | 1374.24 | 1213.90 | 1442.96 | 1246.63 | 1442.96 | 1442.96 | 1431.14 |
| 13 | 段店镇华容区 | 2040.71 | 1943.53 | 1716.76 | 2040.71 | 1844.38 | 2040.71 | 2040.71 | 2018.52 |
| 14 | 主城区鄂城区 | 10851.40 | 10334.67 | 10354.34 | 10851.40 | 10655.07 | 10851.40 | 10851.40 | 10496.35 |
| 15 | 汀祖镇鄂城区 | 1211.48 | 1153.79 | 1019.17 | 1211.48 | 1015.15 | 1211.48 | 1211.48 | 1202.52 |
| 16 | 花湖新城鄂城区 | 1919.24 | 1827.84 | 1614.58 | 1919.24 | 1722.91 | 1919.24 | 1919.24 | 1900.10 |
| 17 | 燕矶镇鄂城区 | 763.30 | 726.96 | 642.14 | 763.30 | 566.98 | 763.30 | 763.30 | 758.58 |
| | 合 计 | 65757.48 | 62626.11 | 62626.16 | 62626.10 | 62626.10 | 62626.14 | 62626.10 | 62626.19 |

表 5.9

2040 年生活用水配置策略

单位:万 m³

| 序号 | 名称 | 生活需水 | 生活供水策略 | | | | | | | |
|---|---|---|---|---|---|---|---|---|---|---|
| | | | P 准则 | AP 准则 | CEA 准则 | CEL 准则 | Pin 准则 | T 准则 | AMO 准则 |
| 1 | 太和镇梁子湖区 | 859.01 | 842.16 | 822.30 | 859.01 | 825.53 | 859.01 | 859.01 | 855.75 |
| 2 | 涂家垴镇梁子湖区 | 616.28 | 604.20 | 579.58 | 616.28 | 582.80 | 616.28 | 616.28 | 614.30 |
| 3 | 沼山镇梁子湖区 | 700.25 | 686.52 | 663.55 | 700.25 | 666.77 | 700.25 | 700.25 | 697.89 |
| 4 | 梁子镇梁子湖区 | 54.47 | 53.40 | 50.96 | 54.47 | 20.99 | 54.47 | 54.47 | 54.31 |
| 5 | 东沟镇梁子湖区 | 655.69 | 642.84 | 618.99 | 655.69 | 622.21 | 655.69 | 655.69 | 653.55 |
| 6 | 红莲湖新城华容区 | 950.56 | 931.92 | 913.86 | 950.56 | 917.08 | 950.56 | 950.56 | 946.66 |
| 7 | 长港办事处梁子湖区 | 258.51 | 253.44 | 241.84 | 258.51 | 225.02 | 258.51 | 258.51 | 257.72 |
| 8 | 碧石渡镇鄂城区 | 671.36 | 658.20 | 634.66 | 671.36 | 637.88 | 671.36 | 671.36 | 669.14 |
| 9 | 泽林镇鄂城区 | 1414.44 | 1386.71 | 1377.74 | 1414.44 | 1380.96 | 1414.44 | 1414.44 | 1405.98 |
| 10 | 杜山镇鄂城区 | 546.14 | 535.44 | 510.93 | 546.14 | 512.66 | 546.14 | 546.14 | 544.41 |
| 11 | 葛华新城华容区 | 4439.79 | 4352.74 | 4403.09 | 4439.79 | 4406.31 | 4439.79 | 4439.79 | 4365.91 |
| 12 | 蒲团乡华容区 | 581.27 | 569.88 | 544.57 | 581.27 | 547.79 | 581.27 | 581.27 | 579.42 |
| 13 | 段店镇华容区 | 822.40 | 806.28 | 785.70 | 822.40 | 788.92 | 822.40 | 822.40 | 819.38 |
| 14 | 主城区鄂城区 | 11562.85 | 11336.13 | 11526.15 | 10993.66 | 11529.37 | 10993.62 | 10993.66 | 11138.28 |
| 15 | 汀祖镇鄂城区 | 1379.19 | 1352.15 | 1342.49 | 1379.19 | 1345.71 | 1379.19 | 1379.19 | 1371.16 |
| 16 | 花湖新城鄂城区 | 2518.37 | 2468.99 | 2481.66 | 2518.37 | 2484.89 | 2518.37 | 2518.37 | 2491.78 |
| 17 | 燕矶镇鄂城区 | 1002.21 | 982.56 | 965.50 | 1002.21 | 968.73 | 1002.21 | 1002.21 | 997.89 |
| | 合计 | 29032.79 | 28463.56 | 28463.57 | 28463.60 | 28463.62 | 28463.56 | 28463.60 | 28463.53 |

源贡献大小纳入评价因素，而形成的基于折衷规划法的 CPBSI 稳定性指标，用以分别评价流域内农业、工业、生活三大用水户在不同策略下的稳定性，CPBSI 的值越低，说明该结果越稳定。2040 年 CPBSI 指数如图 5.6 所示。

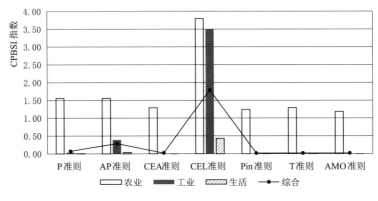

图 5.6　2040 年 CPBSI 指数

在 CPBSI 稳定性评价中，农业用水中 AMO 准则和 Pin 准则表现优异，工业用水中，除 AP 准则、CEL 准则表现不佳外，其余均不错，生活用水中表现良好的有 CEA 准则、Pin 准则、T 准则和 AMO 准则。在综合稳定性的评价上优异的有 AMO 准则、T 准则和 Pin 准则。

### 5.2.4　综合评估

整体来看 AMO 准则在单一用水户稳定性评价中虽然并不是最优方案，但其与最优方案的差距很小。而在综合评价中，AMO 准则表现优异，而且结果稳健。

综上所述，AMO 准则为基于破产理论下的最优配置策略，将其作为股权合作模式下各区域各行业的股权架构。

## 5.3　各水平年区域水资源开发利用配置格局

对研究区域在不同情景下进行股权合作效益最大化水资源配置分析，进行供需平衡分析，本书以 2017 年作为基准年，2030 年作为近期水平年，2040 年作为远景水平年，基于 GWAS 模型输出结果进行区域供需平衡分析。

## 5.3.1 基准年供需平衡及用水格局分析（场景一）

由鄂州市水资源配置模型模拟结果得到鄂州市基准年总供水量为 9.74 亿 m³，其中地表水供水 9.64 亿 m³，占总供水量的 99%；地下水源供水量 0.108 亿 m³，占总供水量的 1%。鄂州市基准年水源供水情况见表 5.10。在地表水源供水量中，地表供农业水量 3.16 亿 m³，占地表水源供水量的 32%；地表供引江等水厂供水量 6.81 亿 m³，占地表水源供水量的 68%。地区的供需水量处于平衡状态，同时在最严格水资源管理用水控制目标 9.93 亿 m³ 之内。

供水侧包括水厂、自备水源、地表水、地下水等几大类水源供水，一般工业以城市水厂供水为主，大型工业（火核电工业、鄂钢、武钢等）都有自己的取水地，供水以自备水源（长江）为主；农业以地表水源为主（直接从河网水系取水进行农业灌溉）；城市生态以城市供水管网为主。城乡供水一体化供水占到了全市总供水量的 69%，其中长江水供水占所有水厂供水能力的 96.4%，主要用于居民生活、城镇公共和工业用水。本地地表水供水水源包括上游入境与本地自产地表水，供水量为 2.83 亿 m³，主要用于农业灌溉。浅层地下水源供水 1094 万 m³，主要用于偏远山区农村生活和部分农业用水。

表 5.10　　　　　　　　鄂州市基准年水源供水情况表　　　　　　单位：万 m³

| 行业 | 工业 | 农业 | 生活 | 总计 |
|---|---|---|---|---|
| 水厂 | 58574 | — | 9526 | 68100 |
| 本地河湖 | — | 28293 | — | 28293 |
| 地下水 | — | 311 | 783 | 1094 |
| 再生水 | — | — | — | — |
| 合计 | 58574 | 28604 | 10309 | 97487 |

　　在用水侧，全市用水总量 9.96 亿 $m^3$，包括生活、工业和农业 3 大类用户，鄂州市基准年水源用水情况见表 5.11，各行业用水比例格局如图 5.7 所示。工业用水量为 5.86 亿 $m^3$，是鄂州市用水大户，占用水总量的 58.9%；居民生活用水量为 1.05 亿 $m^3$，占用水总量的 10.5%；农业用水量为 3.05 亿 $m^3$，占用水总量的 30.6%。鄂州市基准年各区县水资源供需平衡分析见表 5.12。

表 5.11　　　　　　　　　鄂州市基准年水源用水情况表　　　　　　　　单位：亿 $m^3$

| 行业 | 工业 | 农业 | 生活 | 总计 |
|------|------|------|------|------|
| 用水量 | 5.86 | 3.05 | 1.05 | 9.96 |

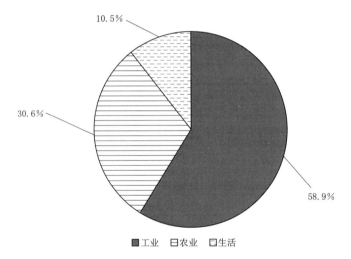

图 5.7　鄂州市基准年各行业用水比例格局

表 5.12　　　　　　　　　鄂州市基准年各区县水资源供需平衡分析

| 行政区划 | 年需水量/万 $m^3$ | | | | 年供水量/万 $m^3$ | | | | 缺水率/% |
|---|---|---|---|---|---|---|---|---|---|
| | 生活 | 工业 | 农业 多年平均 | 总需水量 多年平均 | 生活 | 工业 | 农业 多年平均 | 总供水量 多年平均 | 多年平均 |
| 太和镇 | 236.72 | 428 | 1841 | 2505.72 | 232 | 428 | 1744 | 2404 | 4.06 |
| 涂家垴镇 | 169.65 | 307 | 3961 | 4437.65 | 166 | 307 | 3667 | 4140 | 6.71 |
| 沼山镇 | 192.90 | 349 | 1838 | 2379.90 | 189 | 349 | 1755 | 2293 | 3.65 |

续表

| 行政区划 | 年需水量/万 m³ | | | | 年供水量/万 m³ | | | | 缺水率/% |
|---|---|---|---|---|---|---|---|---|---|
| | 生活 | 工业 | 农业 | 总需水量 | 生活 | 工业 | 农业 | 总供水量 | 多年平均 |
| | | | 多年平均 | 多年平均 | | | 多年平均 | 多年平均 | |
| 梁子镇 | 14.930 | 27 | 557 | 598.93 | 15 | 27 | 550 | 592 | 1.16 |
| 东沟镇 | 180.54 | 326 | 2178 | 2684.54 | 177 | 326 | 2025 | 2528 | 5.83 |
| 红莲湖新区 | 221.42 | 1569 | 1797 | 3587.42 | 217 | 1569 | 1647 | 3433 | 4.30 |
| 长港办事处 | 71.24 | 128 | 1193 | 1392.24 | 70 | 128 | 1172 | 1370 | 1.60 |
| 碧石渡镇 | 268.06 | 490 | 637 | 1395.06 | 263 | 490 | 594 | 1347 | 3.45 |
| 泽林镇 | 564.75 | 1032 | 1534 | 3130.75 | 554 | 1032 | 1437 | 3023 | 3.44 |
| 杜山镇 | 218.12 | 398 | 1397 | 2013.12 | 214 | 398 | 1356 | 1968 | 2.24 |
| 葛华新城 | 1240.40 | 38384 | 4579 | 44203.40 | 1216 | 38384 | 4282 | 43882 | 0.73 |
| 蒲团乡 | 161.44 | 1198 | 2056 | 3415.44 | 158 | 1198 | 1930 | 3286 | 3.79 |
| 段店镇 | 228.64 | 1695 | 1653 | 3576.64 | 224 | 1695 | 1516 | 3435 | 3.96 |
| 主城区 | 4783.85 | 9011 | 766 | 14560.85 | 4690 | 9011 | 727 | 14428 | 0.91 |
| 汀祖镇 | 550.68 | 1006 | 1266 | 2822.68 | 540 | 1006 | 1180 | 2726 | 3.43 |
| 花湖新城 | 1064.15 | 1594 | 2140 | 4798.15 | 1043 | 1594 | 2018 | 4655 | 2.98 |
| 燕矶镇 | 347.13 | 634 | 1081 | 2062.13 | 340 | 634 | 1004 | 1978 | 4.08 |
| 合计 | 10514.62 | 58576 | 30474 | 99564.62 | 10309 | 58576 | 28604 | 97487 | 2.09 |

## 5.3.2 2030 年供需平衡及用水格局分析（场景二）

根据水资源配置思路和原则，进行各区县用水户需水量与水利工程供水量的水资源配置计算。

到 2030 水平年，研究区多年平均需水量 10.8 亿 m³，各类水利工程多年平均供水量 10.8 亿 m³，满足用水需求；95% 枯水年份需水量 11.21 亿 m³，各类水利工程供水量 11.13 亿 m³，缺水率 0.71%。从行业供水保障要求来看，鄂州市经济社会用水可以得到保障。

　　2030 年总体用水格局是以地表水供水为主，再生水和地下水为辅，其中再生水利用量逐步增加，地下水供水逐渐减少。全市将形成以长江水源的水厂（葛华水厂、城东水厂、雨台山水厂）为主力水厂，以水库为水源的水厂（太和水厂）为次主力水厂。由于长江大保护以及城市双水源供水安全保障要求，建议梁子湖为水源的水厂（梧桐湖水厂）从城市备用水厂转变为城市主要供水水厂，研究区域 2030 年供需平衡。

　　在供水侧，水平年全市供水总量 10.8 亿 $m^3$，包括水厂供水、地表水、再生水、地下水等几大类水源，总体用水格局是居民生活用水以城乡一体化供水管网供水和地下水（主要为农村洗衣、洗菜、牲畜等）为主；一般工业以城市水厂供水为主，大型工业（火核电工业、鄂钢、武钢等）都有自己的取水地，供水以自备水源（长江）为主；农业以地表水源为主（直接从河网水系取水进行农业灌溉）；城市生态以再生水为主、以城市供水管网为辅。城乡供水一体化供水占到了总供水量的 75.5%，其中长江水供水占所有水厂供水能力的 82%，主要用于居民生活、城镇公共和工业用水。本地地表供水水源包括入境与本地自产地表水，供水量为 2.24 亿 $m^3$，主要用于农业灌溉。浅层地下水源供水 1044 万 $m^3$，主要用于偏远山区农村生活。再生水利用 0.33 亿 $m^3$，主要用于城市生态和工业用水，见表 5.13。

表 5.13　　　　　　　鄂州市 2030 年水源供水情况表　　　　　　单位：万 $m^3$

| 行业 | 城市生活 | 农村生活 | 工业 | 农业 | 城市生态 | 总计 |
|---|---|---|---|---|---|---|
| 水厂 | 22110 | 292 | 58792 | — | 362 | 81555 |
| 本地河湖 | — | — | — | 22091 | — | 22091 |
| 地下水 | — | 752 | — | 270 | — | 1022 |
| 再生水 | — | — | 3094 | — | 241 | 3335 |
| 合计 | 22110 | 1044 | 61886 | 22361 | 603 | 108003 |

　　在用水侧，全市用水总量 11.97 亿 $m^3$，包括生活、工业和农业 3 大类用户，鄂州市 2030 年水源用水情况见表 5.14，各行业用水比例格局如图 5.8 所示。工业用水量为 6.50 亿 $m^3$，占用水总量的 54.3%；生活用水量为 2.42 亿 $m^3$，占用水总量的 20.2%；农业用水量为 3.05 亿 $m^3$，占用水总量的 25.5%。鄂州市 2030 年各区县水资源供需平衡分析见表 5.15。

表 5.14                    鄂州市 2030 年水源用水情况表                 单位：亿 m³

| 行业 | 工业 | 农业 | 生活 | 总计 |
|------|------|------|------|------|
| 用水量 | 6.50 | 3.05 | 2.42 | 11.97 |

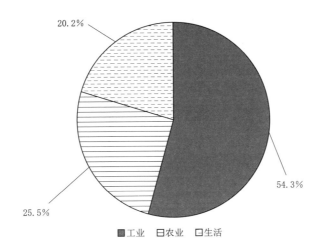

图 5.8    鄂州市 2030 年各行业用水比例格局

表 5.15                    鄂州市 2030 年各区县水资源供需平衡分析

| 行政区划 | 年需水量/万 m³ | | | | 年供水量/万 m³ | | | | 缺水率/% |
|---------|------|------|------|------|------|------|------|------|------|
| | 生活 | 工业 | 农业 | 总需水量 | 生活 | 工业 | 农业 | 总供水量 | 多年平均 |
| | | | 多年平均 | 多年平均 | | | 多年平均 | 多年平均 | |
| 太和镇 | 662.8 | 502.87 | 1841 | 3006.67 | 650 | 479 | 1371 | 2500 | 16.85 |
| 涂家垴镇 | 475.52 | 361.12 | 3961 | 4797.64 | 466 | 344 | 2822 | 3632 | 24.30 |
| 沼山镇 | 540.40 | 410.26 | 1838 | 2788.66 | 530 | 391 | 1365 | 2285 | 18.06 |
| 梁子镇 | 42.11 | 32.13 | 557 | 631.24 | 41 | 31 | 447 | 518 | 17.94 |
| 东沟镇 | 365.98 | 383.80 | 2178 | 2927.78 | 359 | 366 | 1564 | 2288 | 21.85 |
| 红莲湖新区 | 765.73 | 1844.75 | 1797 | 4407.48 | 751 | 1757 | 1265 | 3773 | 14.40 |
| 长港办事处 | 199.27 | 150.07 | 1193 | 1542.34 | 195 | 143 | 942 | 1280 | 17.01 |
| 碧石渡镇 | 566.71 | 576.45 | 637 | 1780.16 | 556 | 549 | 463 | 1568 | 11.92 |
| 泽林镇 | 1194.26 | 1213.39 | 1534 | 3941.65 | 1171 | 1156 | 1113 | 3439 | 12.75 |

续表

| 行政区划 | 年需水量/万 m³ | | | | 年供水量/万 m³ | | | | 缺水率/% |
|---|---|---|---|---|---|---|---|---|---|
| | 生活 | 工业 | 农业 | 总需水量 | 生活 | 工业 | 农业 | 总供水量 | 多年平均 |
| | | | 多年平均 | 多年平均 | | | 多年平均 | 多年平均 | |
| 杜山镇 | 461.20 | 468.59 | 1397 | 2326.79 | 452 | 446 | 1090 | 1989 | 14.52 |
| 葛华新城 | 3581.55 | 41233.85 | 4579 | 49394.40 | 3511 | 39270 | 3365 | 46146 | 6.58 |
| 蒲团乡 | 453.37 | 1409.19 | 2056 | 3918.56 | 444 | 1342 | 1531 | 3318 | 15.33 |
| 段店镇 | 641.75 | 1992.96 | 1653 | 4287.71 | 629 | 1898 | 1181 | 3709 | 13.50 |
| 主城区 | 10058.10 | 10597.10 | 766 | 21421.20 | 9861 | 10092 | 573 | 20526 | 4.18 |
| 汀祖镇 | 1164.51 | 1183.13 | 1266 | 3613.64 | 1142 | 1127 | 909 | 3178 | 12.06 |
| 花湖新城 | 2188.03 | 1874.25 | 2140 | 6202.28 | 2145 | 1785 | 1587 | 5517 | 11.05 |
| 燕矶镇 | 870.76 | 745.42 | 1081 | 2697.18 | 854 | 710 | 772 | 2336 | 13.39 |
| 合计 | 24232.05 | 64979.33 | 30474 | 119685.38 | 23757 | 61886 | 22360 | 108002 | 9.76 |

## 5.3.3　2040 年供需平衡及用水格局分析（场景三）

根据水资源配置思路和原则，进行各区县用水户需水量与水利工程供水量的水资源配置计算。

到 2040 水平年，研究区多年平均需水量 11.23 亿 m³，各类水利工程多年平均供水量 11.23 亿 m³；95％枯水年份需水量 11.62 亿 m³，各类水利工程供水量 11.55 亿 m³，缺水率 0.60％。从行业供水保障要求来看，鄂州市经济社会用水可以得到保障。

2040 年总体用水格局是以地表水供水为主，再生水为辅，其中再生水利用量逐步增加，地下水不再供水。全市将形成以长江水源的水厂（葛华水厂、城东水厂、雨台山水厂）为主力水厂，以水库为水源的水厂（太和水厂）为次主力水厂。考虑城市用水需求增加，建议进一步提升梁子湖为水源的水厂（梧桐湖水厂）的供水能力和供水范围，在实现常规供水的同时，在长江水源水厂出现问题时具备城市应急供水的能力。

在供水侧，水平年全市供水总量 11.23 亿 m³，包括水厂供水、地表水、再生水等几大类水源，总体用水格局是居民生活用水以城乡一体化供水管网供水为主；一般工业以城市水厂供水为主，大型工业（火核电工业、鄂钢、武钢等）都有自己的取水地，供水以自备水源（长江）为主；农业以地表水源为主（直接从河网水系取水进行农业灌溉）；城市生态以再生水为主、以城市供水管网为辅。城乡供水一体化供水量占到了总供水量的 77.4%，其中长江水占所有水厂供水能力的 67%，另一部分水源为梁子湖梧桐湖水厂供水，主要用于居民生活、城镇公共和工业用水。本地地表供水水源包括入境与本地自产地表水，供水量为 2.1 亿 m³，主要用于农业灌溉。浅层地下水源供水 927 万 m³，主要用于偏远山区农村生活。再生水利用 0.35 亿 m³，主要用于城市生态和工业用水。见表 5.16。

表 5.16　　　　　　鄂州市 2040 年水源供水情况表　　　　　单位：万 m³

| 行业 | 城市生活 | 农村生活 | 工业 | 农业 | 城市生态 | 总计 |
|---|---|---|---|---|---|---|
| 水厂 | 26628 | 261 | 59495 | — | 543 | 86927 |
| 本地河湖 | — | — | — | 20989 | — | 20989 |
| 地下水 | — | 670 | — | 256 | — | 927 |
| 再生水 | — | — | 3131 | — | 362 | 3493 |
| 合计 | 26628 | 931 | 62626 | 21245 | 905 | 112335 |

在用水侧，全市用水总量 12.53 亿 m³，包括居民生活、工业和农业 3 大类用户，鄂州市 2040 年水源用水情况见表 5.17，各行业用水比例格局如图 5.9 所示。工业用水量为 6.58 亿 m³，占用水总量的 52.5%；生活用水量为 2.90 亿 m³，占用水总量的 23.1%；农业用水量为 3.05 亿 m³，占用水总量的 24.3%。鄂州市 2040 年各区县水资源供需平衡分析见表 5.18。

表 5.17　　　　　　鄂州市 2040 年水源用水情况表　　　　　单位：亿 m³

| 行业 | 工业 | 农业 | 生活 | 总计 |
|---|---|---|---|---|
| 用水量 | 6.58 | 3.05 | 2.90 | 12.53 |

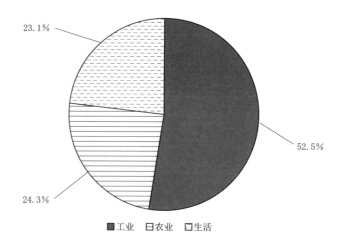

图 5.9　鄂州市 2040 年各行业用水比例格局

表 5.18　　　　　鄂州市 2040 年各区县水资源供需平衡分析

| 行政区划 | 年需水量/万 m³ | | | | 年供水量/万 m³ | | | | 缺水率/% |
|---|---|---|---|---|---|---|---|---|---|
| | 生活 | 工业 | 农业 | 总需水量 | 生活 | 工业 | 农业 | 总供水量 | 多年平均 |
| | | | 多年平均 | 多年平均 | | | 多年平均 | 多年平均 | |
| 太和镇 | 859.01 | 514.83 | 1841 | 3214.84 | 842 | 490 | 1303 | 2635 | 18.04 |
| 涂家垴镇 | 616.28 | 369.81 | 3961 | 4947.09 | 604 | 352 | 2681 | 3637 | 26.48 |
| 沼山镇 | 700.25 | 420.08 | 1838 | 2958.33 | 687 | 400 | 1296 | 2383 | 19.45 |
| 梁子镇 | 54.47 | 32.89 | 557 | 644.36 | 53 | 31 | 424 | 509 | 21.01 |
| 东沟镇 | 655.69 | 392.99 | 2178 | 3226.68 | 643 | 374 | 1486 | 2503 | 22.43 |
| 红莲湖新区 | 950.56 | 1889.01 | 1797 | 4636.57 | 932 | 1799 | 1202 | 3933 | 15.17 |
| 长港办事处 | 258.51 | 153.59 | 1193 | 1605.10 | 253 | 146 | 895 | 1295 | 19.32 |
| 碧石渡镇 | 671.36 | 590.31 | 637 | 1898.67 | 658 | 562 | 440 | 1661 | 12.52 |
| 泽林镇 | 1414.44 | 1242.48 | 1534 | 4190.92 | 1387 | 1183 | 1057 | 3627 | 13.46 |
| 杜山镇 | 546.14 | 479.81 | 1397 | 2422.95 | 535 | 457 | 1036 | 2028 | 16.30 |
| 葛华新城 | 4439.79 | 41442.59 | 4579 | 50461.38 | 4353 | 39469 | 3198 | 47020 | 6.82 |
| 蒲团乡 | 581.27 | 1442.96 | 2056 | 4080.23 | 570 | 1374 | 1455 | 3399 | 16.70 |
| 段店镇 | 822.40 | 2040.71 | 1653 | 4516.11 | 806 | 1944 | 1123 | 3872 | 14.26 |

续表

| 行政区划 | 年需水量/万 m³ | | | | 年供水量/万 m³ | | | | 缺水率/% |
|---|---|---|---|---|---|---|---|---|---|
| | 生活 | 工业 | 农业 | 总需水量 | 生活 | 工业 | 农业 | 总供水量 | 多年平均 |
| | | | 多年平均 | 多年平均 | | | 多年平均 | 多年平均 | |
| 主城区 | 11562.85 | 10851.40 | 766 | 23180.25 | 11336 | 10335 | 544 | 22215 | 4.16 |
| 汀祖镇 | 1379.19 | 1211.48 | 1266 | 3856.67 | 1352 | 1154 | 864 | 3370 | 12.62 |
| 花湖新城 | 2518.37 | 1919.24 | 2140 | 6577.61 | 2469 | 1828 | 1508 | 5804 | 11.76 |
| 燕矶镇 | 1002.21 | 763.30 | 1081 | 2846.51 | 983 | 727 | 734 | 2443 | 14.18 |
| 合计 | 29032.79 | 65757.48 | 30474 | 125264.27 | 28463 | 62625 | 21246 | 112334 | 10.32 |

# 5.4 用水户供用水配置策略

本书立足于鄂州市多水源复杂供水格局，开展水源-水厂-用户的精细化水资源配置，根据鄂州市现有水资源配置系统和工程格局，进行鄂州市重点区域的水资源配置结果分析。

## 5.4.1 生活与工业供水配置

基准年全市生活与工业供水 68547 万 m³，主要供水水源为水厂供水、地下水。鄂城区和华容区居民生活供水需求较大，分别供水 7445 万 m³ 和 1719 万 m³，二者共占居民生活供水总量的 92%，主要由雨台山水厂和葛华水厂供应；另外局部区域农村生活少量使用地下水。

2030 年全市生活与工业供水 85039 万 m³，比基准年增长 24%，城东水厂、雨台山水厂和葛华水厂供水大幅度增加，基本形成全市城乡一体化供水体系。各区县居民生活供水比例有所上升，鄂城区和华容区共占供水总量的 95.4%。

2040 年全市生活与工业供水 90185 万 m³，比基准年增长 32%，城东水厂、雨台山水厂和葛华水厂供水大幅度增加，形成全市城乡一体化供水体系，其中鄂城区和华容区共占供水总量的 94.7%。

从总体上看，未来水平年生活与工业供水快速增长，居民生活与工业供水将全部由水厂供给，水源为长江水和水库水（太和水厂水源为马龙水库和狮子口水库）提供，形成城乡供水一体化供水保障体系，实现地下水停止开采。生活与工业水资源配置方案见表 5.19。

表 5.19　　　　　　　　　生活与工业水资源配置方案　　　　　　单位：万 m³

| 水平年 | 行政区 | 合计 | 水厂 | 地下水 | 其他 |
|---|---|---|---|---|---|
| 基准年 | 全市 | 68547 | 67762 | 783 | 2 |
|  | 鄂城区 | 21610 | 21260 | 349 | 1 |
|  | 华容区 | 44565 | 44312 | 252 | 1 |
|  | 梁子湖区 | 2372 | 2190 | 182 | 0 |
| 2030 年 | 全市 | 85039 | 81193 | 751 | 3095 |
|  | 鄂城区 | 31689 | 30606 | 289 | 794 |
|  | 华容区 | 49431 | 46958 | 260 | 2213 |
|  | 梁子湖区 | 3919 | 3629 | 202 | 88 |
| 2040 年 | 全市 | 90185 | 86384 | 670 | 3131 |
|  | 鄂城区 | 34431 | 33422 | 197 | 812 |
|  | 华容区 | 50988 | 48523 | 236 | 2229 |
|  | 梁子湖区 | 4765 | 4439 | 237 | 89 |

生活与工业用水总量见图 5.10。

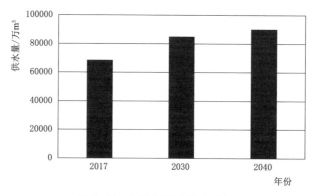

图 5.10　生活与工业用水总量

## 5.4.2　农业供水配置

基准年全市农业供水 25604 万 m³，主要以地表水供水为主，本市地表水源丰富，农民一般通过渠道及坑塘进行农业灌溉，或直接从河湖取水。

2030 年全市农业用水 22361 万 m³，比基准年减小 13%，供水水源格局维持 2015 年不变，地表水为主要水源，加大实行水肥一体化等技术，提高农业用水效率。

2040 年全市农业用水 21245 万 m³，比基准年减小 17%，供水水源格局维持 2015 年不变，地表水为主要水源，进一步加大实行水肥一体化等技术，减少面源污染，提高农业用水效率。

# 5.5　股权合作模式下的效益分析

## 5.5.1　水资源效益分析

根据上述研究成果，分析水对社会经济活动的贡献和作用，计算基准年、2030 年、2040 年情景下不同区域社会端三大用户的广义用水效益。

综合来看，随着技术进步和产业升级，单方水可以带动的产业增加值呈现逐年上升的态势，其中服务业的产业增加值远高于工业和农业。农业受到我国耕地红线要求，耕地面积基本保持不变，用水效益的提高主要来自于节水提效措施的稳步推进，第二和第三产业的用水效益提高主要受益于产业结构优化和技术进步。

预计到 2030 年，区域农业、工业和生活的平均用水效益可以分别达到 5.38 元/m³、19.01 元/m³、45.72 元/m³；到 2040 年，农业、工业和生活的平均用水效益预计为 7.12 元/m³、24.04 元/m³、48.26 元/m³。

区域产业用水效益预测如图 5.11 所示。鄂州市各区域用水效益见表 5.20。

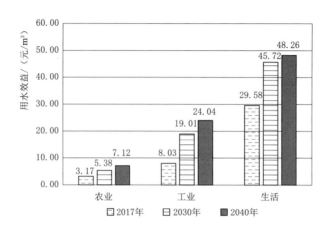

图 5.11　区域产业用水效益预测

表 5.20　　　　　　　　鄂州市各区域用水效益表　　　　　　　单位：元/m³

| 序号 | 名　称 | 基准年（2017 年） | | | 2030 年 | | | 2040 年 | | |
|---|---|---|---|---|---|---|---|---|---|---|
| | | 农业 | 工业 | 生活 | 农业 | 工业 | 生活 | 农业 | 工业 | 生活 |
| 1 | 太和镇 | 3.04 | 17.06 | 21.46 | 5.17 | 38.10 | 27.31 | 6.84 | 47.63 | 26.64 |
| 2 | 涂家垴镇 | 3.43 | 17.06 | 21.52 | 5.83 | 38.10 | 27.32 | 7.72 | 47.62 | 26.64 |
| 3 | 沼山镇 | 2.92 | 17.06 | 21.51 | 4.95 | 38.10 | 27.31 | 6.55 | 47.61 | 26.65 |
| 4 | 梁子镇 | 2.34 | 17.06 | 22.10 | 3.97 | 37.97 | 27.55 | 5.26 | 47.74 | 26.99 |
| 5 | 东沟镇 | 3.36 | 17.08 | 21.49 | 5.70 | 38.09 | 37.71 | 7.54 | 47.61 | 26.61 |
| 6 | 红莲湖新城 | 3.51 | 17.07 | 21.63 | 5.96 | 38.10 | 22.27 | 7.89 | 47.62 | 22.67 |
| 7 | 长港办事处 | 2.43 | 17.10 | 21.34 | 4.12 | 38.12 | 27.15 | 5.46 | 47.66 | 26.42 |
| 8 | 碧石渡镇 | 3.31 | 17.06 | 33.13 | 5.62 | 38.10 | 55.80 | 7.44 | 47.62 | 59.54 |
| 9 | 泽林镇 | 3.24 | 17.07 | 33.09 | 5.51 | 38.09 | 55.72 | 7.29 | 47.61 | 59.47 |
| 10 | 杜山镇 | 2.63 | 17.07 | 33.15 | 4.46 | 38.09 | 55.77 | 5.90 | 47.62 | 59.54 |
| 11 | 葛华新城 | 3.17 | 3.28 | 18.18 | 5.39 | 8.02 | 22.41 | 7.13 | 10.22 | 22.85 |
| 12 | 蒲团乡 | 3.10 | 17.07 | 22.67 | 5.26 | 38.09 | 28.72 | 6.97 | 47.62 | 28.30 |
| 13 | 段店镇 | 3.44 | 17.07 | 22.66 | 5.84 | 38.09 | 28.72 | 7.72 | 47.62 | 28.33 |
| 14 | 主城区 | 3.03 | 17.07 | 34.11 | 5.14 | 38.10 | 57.76 | 6.80 | 47.62 | 63.51 |

续表

| 序号 | 名 称 | 基准年（2017 年） | | | 2030 年 | | | 2040 年 | | |
|---|---|---|---|---|---|---|---|---|---|---|
| | | 农业 | 工业 | 生活 | 农业 | 工业 | 生活 | 农业 | 工业 | 生活 |
| 15 | 汀祖镇 | 3.32 | 17.07 | 33.10 | 5.64 | 38.09 | 55.72 | 7.46 | 47.62 | 59.47 |
| 16 | 花湖新城 | 3.12 | 17.07 | 27.13 | 5.30 | 38.10 | 46.98 | 7.01 | 47.62 | 51.59 |
| 17 | 燕矶镇 | 3.38 | 17.07 | 33.07 | 5.74 | 38.10 | 46.94 | 7.59 | 47.62 | 51.56 |
| | 平均用水效益 | 3.17 | 8.03 | 29.58 | 5.38 | 19.01 | 45.72 | 7.12 | 24.04 | 48.26 |

## 5.5.2 水资源供需保障分析

为有效评估股权合作模式水资源配置情况，需要首先确定不同场景下区域政府对于环境保护的合理投入力度。

根据 2017 年度全国 31 个省（自治区、直辖市）的统计年鉴及各省（自治区、直辖市）的产业投入产出表，获得各省（自治区、直辖市）对于环境保护投入占区域产业增加值的比率（即环境率），按从小到大排列后如图5.12 所示。

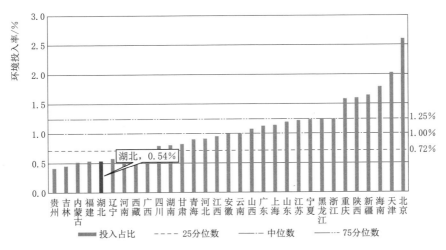

图 5.12　31 个省（自治区、直辖市）环境投入占区域产业增加值比率

由图 5.12 可知，全国环境投入率的 25 分位数、中位数和 75 分位数分别为 0.72%、1.00% 和 1.25%，其中环境治理力度最大的是北京，环境投

入率达到 2.62%。受统计数据所限，鄂州市环境投入率参照湖北省数据，湖北省基准年的环境投入率为 0.54%，排名全国倒数第五，远低于全国中位数水平。在长江大保护的政策指导下，生态环境问题受到政府的高度重视，预计到 2030 年和 2040 年，湖北省的环境投入率将分别达到 1.00% 和 1.25%。

基于上述预测，鄂州市股权合作模式下各区域水资源资产一览见表 5.21。

**表 5.21　　鄂州市股权合作模式下各区域水资源资产一览表　　单位：亿元**

| 序号 | 名称 | 基准年（2017 年） | | | 2030 年 | | | 2040 年 | | |
|---|---|---|---|---|---|---|---|---|---|---|
| | | 股权权益 | 环境负债 | 资产收益 | 股权权益 | 环境负债 | 资产收益 | 股权权益 | 环境负债 | 资产收益 |
| 1 | 太和镇 | 17.77 | 0.57 | −0.57 | 45.26 | 1.51 | −1.04 | 57.75 | 2.24 | −1.49 |
| 2 | 涂家垴镇 | 18.29 | 4.46 | −4.46 | 38.22 | 11.63 | −11.13 | 47.11 | 17.48 | −16.67 |
| 3 | 沼山镇 | 15.23 | 0.53 | −0.53 | 38.08 | 1.41 | −1.01 | 48.61 | 2.09 | −1.46 |
| 4 | 梁子镇 | 2.03 | 0.09 | −0.09 | 4.35 | 0.24 | −0.19 | 5.61 | 0.36 | −0.28 |
| 5 | 东沟镇 | 16.13 | 0.91 | −0.90 | 38.46 | 2.37 | −1.96 | 49.04 | 3.54 | −2.89 |
| 6 | 红莲湖新城 | 38.36 | 0.85 | −0.85 | 95.81 | 2.24 | −1.26 | 122.47 | 3.20 | −1.63 |
| 7 | 长港办事处 | 6.48 | 0.23 | −0.23 | 15.44 | 0.61 | −0.45 | 19.75 | 0.91 | −0.65 |
| 8 | 碧石渡镇 | 19.55 | 0.22 | −0.22 | 56.56 | 0.60 | −0.03 | 71.96 | 0.85 | 0.06 |
| 9 | 泽林镇 | 41.50 | 0.66 | −0.65 | 119.40 | 1.80 | −0.59 | 151.90 | 2.55 | −0.62 |
| 10 | 杜山镇 | 17.69 | 0.35 | −0.35 | 48.88 | 0.93 | −0.43 | 62.26 | 1.36 | −0.56 |
| 11 | 葛华新城 | 154.46 | 14.96 | −14.95 | 396.76 | 39.01 | −34.65 | 503.73 | 53.85 | −46.88 |
| 12 | 蒲团乡 | 30.65 | 0.86 | −0.86 | 75.28 | 2.25 | −1.47 | 96.20 | 3.28 | −2.04 |
| 13 | 段店镇 | 40.41 | 0.82 | −0.82 | 101.85 | 2.15 | −1.11 | 130.20 | 3.05 | −1.38 |
| 14 | 主城区 | 316.05 | 10.94 | −10.93 | 954.19 | 34.43 | −24.54 | 1211.82 | 44.51 | −28.80 |
| 15 | 汀祖镇 | 39.91 | 0.56 | −0.55 | 115.56 | 1.54 | −0.37 | 146.99 | 2.16 | −0.30 |
| 16 | 花湖新城 | 62.79 | 1.32 | −1.32 | 181.78 | 3.75 | −1.90 | 231.07 | 5.26 | −2.31 |
| 17 | 燕矶镇 | 26.11 | 0.39 | −0.39 | 74.41 | 1.06 | −0.30 | 94.73 | 1.50 | −0.30 |
| | 合　计 | 863.42 | 38.71 | −46.35 | 2400.30 | 107.51 | −82.44 | 3051.20 | 168.19 | −108.20 |

　　基于上述鄂州市效益分析数据，进行环境负债的分析，结果如图 5.13 所示。

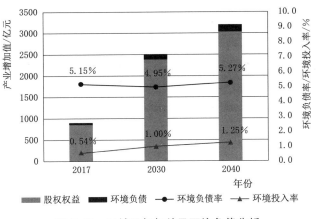

图 5.13　区域股权权益及环境负债分析

　　不同场景下，鄂州市区域的环境负债呈现上升态势，基准年、2030 年和 2040 年的环境负债分别为 46.40 亿元、124.21 亿元和 168.49 亿元，但负债率总体相对稳定，随着政府加大环境保护方面的投入，整体收益赤字占区域水资源总资产的比率将逐步降低。从县级区域来看，人口相对密集的鄂州市主城区、葛华新城区的环境负债和资产赤字严重，占到总赤字的 55％～60％；而涂家垴镇的环境负债和资产赤字增长迅速。

# 第6章

# 结 论 与 展 望

## 6.1　主要结论

### 1. 构建基于"自然-社会"二元水循环的全过程模拟模型

以水资源循环过程为主线，耦合降水产汇流过程，水库、调引工程规则，采用"实测-分离-聚合-建模"的建模方法，根据水循环过程和单元工程及区域用水变化特点，从全流域系统角度出发，构建"自然-社会"二元水资源系统过程的水资源情势全过程推演模型，实现分析区域不同供水工程、用水主体及其径流过程变化响应。

（1）在径流模拟方面，根据关键断面调参校验结果，校验期（1960—1990 年）相关系数 $R^2$ 为 0.93，Nash 效率系数为 0.85；验证期（1991—2015 年）相关系数 $R^2$ 为 0.88，Nash 效率系数为 0.78；同时根据特征频率年径流总量指标模拟结果，多年平均径流误差为 2.9%，50%、75% 和 95% 频率年的径流误差为 4.76%、5.01% 和 6.8%。

（2）在经济社会用水配置方面，全市供水总量 8.038 亿 $m^3$，模拟结果输出为 7.992 亿 $m^3$，总量误差在 0.6% 以内。各单元配置结果来看，各区误差率均小于 2%；城市生活、农村生活、工业、农业的配水误差率为 0%、0.03%、0%、1.79%。表明模型从整体到关键特征年的模拟值与实测值的吻合度较好，经济社会用水模块配置模拟精度较高。可为水资源股权合作调控提供定量支撑。

### 2. 提出基于股权合作的水资源优化配置方法

重点研究了如何兼顾效率与公平地分配股权合作体内部各区域、各用水户之间的"股东权益"。将流域可利用水资源作为股权合作博弈下的主要资产，借鉴博弈论中有关破产理论的相关配置策略与准则，构建基于资产重构理念下的水资源配置策略。股权合作模式下的水资源配置方法包括以下三方面内容。

（1）水资源配置策略选优：基于博弈论思想，综合考虑股权合作集体内部各股权权益方的利益与诉求，以破产理论的分配方案集为基础，提出不同的资产重构策略，并对不同策略进行博弈稳定性评价，以确定最优的资产重构策略，作为股权合作集体内的股权权益分享方案。

（2）区域水资源配置格局研究：以股权合作集体内部最优资产重构方案为依托，综合考虑不同场景下合作集体的内外关系，本着"利益共享、债务共担"的原则，研究外部债权方（生态环境侧）对于股权合作集体（社会经济侧）的贡献大小，及其对应的水资源配置格局。

（3）水资源配置效益：根据社会经济发展预测数据，研判股权合作模式下的水资源利用效益和各地区、各行业的用水价值；分析基于股权合作模式下的合作集体应得效益及环境负债（对生态环境的挤占），为生态补偿标准的制定提供政策支持和参考。

### 3. 鄂州市水资源开发利用综合调控方案与开发利用策略

本书基于股权合作的决策分析模块（WAS-M），刻画经济社会产业用水与生态环境用水的竞争再平衡边界，研究外部债权方（自然侧）对于股权合作集体（社会侧）的贡献大小及其对应的水资源配置格局。从供水侧和用水侧两个方面，针对社会端的三大用水户农业、工业、生活用水，分别进行基于资产重构理念下水资源配置策略研究和稳定性评价，从而找到最优的配置策略，作为不同水平年社会端用水的基础股权架构。

（1）到 2030 水平年，研究区多年平均供用水量 10.8 亿 $m^3$，满足用水需求；95％枯水年份需水量 11.21 亿 $m^3$，各类水利工程供水量 11.13 亿 $m^3$，缺水率 0.71％。从行业供水保障要求来看，鄂州市经济社会用水可以得到保障。2030 年总体用水格局是以地表水供水为主，再生水和地下水为辅，其中再生水利用量逐步增加，地下水供水进一步减少。全市将形成以长江水源的水厂（葛华水厂、城东水厂、雨台山水厂）为主力水厂，以水库为水源的水厂（太和水厂）为次主力水厂。由于长江大保护以及城市双水源供水安全保障要求，建议梁子湖为水源的水厂（梧桐湖水厂）从城市备用水厂转变为城市主要供水水厂。

（2）2040 水平年，研究区多年平均供用水量 11.23 亿 m³；95％枯水年份需水量 11.62 亿 m³，各类水利工程供水量 11.55 亿 m³，缺水率 0.60％。从行业供水保障要求来看，鄂州市经济社会用水可以得到保障。2040 年总体用水格局是以地表水供水为主，再生水为辅，其中再生水利用量逐步增加，地下水不再供水。全市将形成以长江水源的水厂（葛华水厂、城东水厂、雨台山水厂）为主力水厂，以水库为水源的水厂（太和水厂）为次主力水厂。考虑城市用水需求增加，建议进一步提升梁子湖为水源的水厂（梧桐湖水厂）的供水能力和供水范围，在实现常规供水的同时，在长江水源水厂出现问题时具备城市应急供水的能力。

4. 股权合作模式下的行业效益与补偿投入力度

在 CPBSI 稳定性评价中，农业用水中 AMO 准则表现优异，工业和生活用水中表现良好的有 CEA 准则、Pin 准则和 T 准则。在综合稳定性的评价上优异的有 AMO 准则和 Pin 准则。

（1）水资源行业用水效益。根据上述研究成果，计算基准年、2030 年、2040 年情景下不同区域社会端三大用户的广义用水效益。综合来看，随着技术进步和产业升级，单方水可以带动的产业增加值呈现逐年上升的态势，其中服务业的产业增加值远高于工业和农业。农业受到我国耕地红线要求，耕地面积基本保持不变，用水效益的提高主要来自于节水提效措施的稳步推进，工业和生活的用水效益提高主要受益于产业结构优化和技术进步。预计到 2030 年，区域农业、工业和生活的平均用水效益可以分别达到 5.38 元/m³、19.01 元/m³、45.72 元/m³；到 2040 年，农业、工业和生活的平均用水效益预计为 7.12 元/m³、24.04 元/m³、48.26 元/m³。

（2）区域政府针对环境治理投入力度。为有效评估股权合作模式水资源可持续发展，确定不同方案水平年的区域政府对于环境保护的合理投入力度。不同场景下，鄂州市区域的环境负债呈现上升态势，基准年、2030 年和 2040 年的环境负债分别为 46.40 亿元、124.21 亿元和 168.49 亿元，但负债率总体相对稳定，随着政府加大环境保护方面的投入，整体收益赤字占区域水资源总资产的比率将逐步降低，区域可持续发展良好趋势。

## 6.2　研究展望

随着城市发展的不断提升，缺水问题不断严峻，同时气候变化扰动下旱涝急转频率加剧，强人类活动导致流域水资源、水环境、水生态更加脆弱。为全面响应我国高质量发展与生态大保护重大战略，量化分析人类活动对生态环境的影响，高效合理地进行水资源保护与经济社会高质量发展，进一步细化、深化股权合作新模式下的水资产重构与分配机制，研究制定合理的水环境受损补偿标准，将成为后续期望开展的研究。

# 参 考 文 献

[ 1 ]  MUELLER SCHMIED H, EISNER S, FRANZ D, et al. Sensitivity of simulated global – scale freshwater fluxes and storages to input data, hydrological model structure, human water use and calibration [J].  Hydrology and Earth System Sciences, 2014, 18 (9): 3511 – 3538.

[ 2 ]  WANG J, SONG C, REAGER J T, et al. Recent global decline in endorheic basin water storages [J].  Nature Geoscience, 2018, 11 (12): 926.

[ 3 ]  WWAP W W A P. The United Nations World Water Development Report 2020: Water and Climate Change [Z].  UNESCO Paris, France, 2020.

[ 4 ]  秦大庸, 陆垂裕, 刘家宏, 等. 流域"自然-社会"二元水循环理论框架 [J]. 科学通报, 2014, 59 (Z1): 419 – 427.

[ 5 ]  王浩, 王建华, 秦大庸, 等. 基于二元水循环模式的水资源评价理论方法 [J]. 水利学报, 2006 (12): 1496 – 1502.

[ 6 ]  王浩, 王成明, 王建华, 等. 二元年径流演化模式及其在无定河流域的应用 [J]. 中国科学 E 辑: 技术科学, 2004 (S1): 42 – 48.

[ 7 ]  TIETENBERG T, LEWIS L. Environmental and natural resource economics [M]. New Yovk: Routledge, 2018.

[ 8 ]  李良县, 甘泓, 汪林, 等. 水资源经济价值计算与分析 [J]. 自然资源学报, 2008 (3): 494 – 499.

[ 9 ]  CAI X. Implementation of holistic water resources – economic optimization models for river basin management – Reflective experiences [J].  Environmental Modelling & Software, 2008, 23 (1): 2 – 18.

[10]  HAROU J J, PULIDO – VELAZQUEZ M, ROSENBERG D E, et al. Hydro – economic models: Concepts, design, applications, and future prospects [J]. Journal of Hydrology, 2009, 375 (3 – 4): 627 – 643.

[11]  贾玲, 甘泓, 汪林, 等. 水资源负债刍议 [J]. 自然资源学报, 2017, 32 (1): 1 – 11.

[12]  闫慧敏, 杜文鹏, 封志明, 等. 自然资源资产负债的界定及其核算思路 [J]. 资源科学, 2018, 40 (5): 888 – 898.

[13]  杨世忠, 谭振华, 王世杰. 论我国自然资源资产负债核算的方法逻辑及系统框架构建 [J]. 管理世界, 2020, 36 (11): 132 – 144.

[14]  肖序, 王玉, 周志方. 自然资源资产负债表编制框架研究 [J]. 会计之友, 2015 (19): 21 – 29.

[15]  杜文鹏, 闫慧敏, 杨艳昭. 自然资源资产负债表研究进展综述 [J]. 资源科学, 2018, 40 (5): 875 – 887.

[16]　贾玲，甘泓，汪林，等. 论水资源资产负债表的核算思路 [J]. 水利学报，2017，48（11）：1324-1333.

[17]　甘泓，汪林，秦长海，等. 对水资源资产负债表的初步认识 [J]. 中国水利，2014（14）：1-7.

[18]　YOUNG R A，BREDEHOEFT J D. Digital Computer Simulation for Solving Management Problems of Conjunctive Groundwater and Surface Water Systems [J]. Water Resources Research，1972（3）：533-556.

[19]　HAIMES Y Y，DREIZIN Y C. Management of Groundwater and Surface Water Via Decomposition [J]. Water Resources Research，1977（1）：69-77.

[20]　JAY E N，B D G，CHARLES V M. Optimal Regional Conjunctive Water Management [J]. American Journal of Agricultural Economics，1980，62（3）. 489-498.

[21]　JES U，S C A，VEZ H，et al. Planning Model of Irrigation District [J]. Journal of Irrigation and Drainage Engineering，1987，113（4）. 549-564.

[22]　A L Leusink. The planning process for groundwater resources management [J]. International Journal of Water Resources Development，1992，8（2）. 98-102.

[23]　PHILBRICK C R，KITANIDIS P K. Optimal conjunctive-use operations and plans [J]. Water Resources Research，1998（5）：1307-1316.

[24]　PAUL M B，DAVID P A，DAVID C D. Conjunctive-Management Models for Sustained Yield of Stream-Aquifer Systems [J]. Journal of Water Resources Planning and Management，2003，129（1）. 35-48.

[25]　SCHOT P P S G，WINTER T T U G. Groundwater-surface water interactions in wetlands for integrated water resources management. [J]. Journal of Hydrology，2006（3-4）：261-263.

[26]　SAMPSON D A，ESCOBAR V，TSCHUDI M K，et al. A provider-based water planning and management model-WaterSim 4.0-For the Phoenix Metropolitan Area [J]. Journal of Environmental Management，2011. 92（10）：2596-2610.

[27]　林一山. 关于引汉济黄济淮的若干问题——摘录"关于长江流域规划若干问题的商讨（续）"[J]. 黄河建设，1956（8）：19-21.

[28]　华士乾. 工程水文学的新进展及对我国进一步工作的建议 [J]. 水利学报，1985（5）：1-6.

[29]　雷志栋，杨诗秀，倪广恒，等. 地下水位埋深类型与土壤水分动态特征 [J]. 水利学报，1992（2）：1-6.

[30]　周惠成，陈守煜. 具有模糊约束的多阶段多目标系统模糊优化理论与模型 [J]. 水利学报，1992（2）：29-36.

[31]　沈佩君，王博，王有贞，等. 多种水资源的联合优化调度 [J]. 水利学报，1994（5）：1-8.

[32]　王浩，秦大庸，裴源生，等. 黄淮海流域水资源合理配置研究 [Z]. 北京：中国水利水电科学研究院，2016-01-01.

[33]　董增川，刘凌. 西部地区水资源配置研究 [J]. 水利水电技术，2001（3）：1-4.

[34] 赵建世，王忠静，翁文斌. 水资源复杂适应配置系统的理论与模型 [J]. 地理学报，2002 (6)：639 - 647.

[35] 刘振胜. 长江流域水资源合理调配的构想 [J]. 中国水利，2002 (10)：90 - 92.

[36] 左其亭，王中根. 流域水资源可再生性的量化方法及理论研究框架 [J]. 西北水资源与水工程，2003 (1)：1 - 4.

[37] 贾绍凤，周长青，燕华云，等. 西北地区水资源可利用量与承载能力估算 [J]. 水科学进展，2004 (6)：801 - 807.

[38] 陈西庆，陈进. 长江流域的水资源配置与水资源综合管理 [J]. 长江流域资源与环境，2005 (2)：163 - 167.

[39] 吴泽宁，曹茜，王海政，等. 黄河流域水资源多维调控效果评价指标体系 [J]. 人民黄河，2005 (1)：36 - 38.

[40] 邵东国，贺新春，黄显峰，等. 基于净效益最大的水资源优化配置模型与方法 [J]. 水利学报，2005 (9)：1050 - 1056.

[41] 王忠静，廖四辉，武晓峰，等. 大同市水资源承载能力分析 [J]. 南水北调与水利科技，2007 (3)：47 - 50.

[42] 顾文权，邵东国，黄显峰，等. 水资源优化配置多目标风险分析方法研究 [J]. 水利学报，2008 (3)：339 - 345.

[43] 夏军，王渺林. 长江上游流域径流变化与分布式水文模拟 [J]. 资源科学，2008 (7)：962 - 967.

[44] 王世新，王利双，周艺，等. 长江流域水资源空间分配 [J]. 测绘科学，2017，42 (8)：33 - 39.

[45] 桑学锋，王浩，王建华，等. 水资源综合模拟与调配模型 WAS（Ⅰ）：模型原理与构建 [J]. 水利学报，2018，49 (12)：1451 - 1459.

[46] 胡春宏，张双虎. 论长江开发与保护策略 [J]. 人民长江，2020，51 (1)：1 - 5.

[47] JOSEPH D H，JIE L. MIKE SHE ：Software for Integrated Surface Water/Ground Water Modeling [J]. Ground Water，2008，46 (6)：797 - 802.

[48] 王盛萍，张志强，唐寅，等. MIKE - SHE 与 MUSLE 耦合模拟小流域侵蚀产沙空间分布特征 [J]. 农业工程学报，2010，26 (3)：92 - 98.

[49] 王中根，刘昌明，黄友波. SWAT 模型的原理、结构及应用研究 [J]. 地理科学进展，2003 (1)：79 - 86.

[50] 杜鸿，夏军，曾思栋，等. 淮河流域极端径流的时空变化规律及统计模拟 [J]. 地理学报，2012，67 (3)：398 - 409.

[51] MEHRAN N，CHRISTOPHER O，ROBERT M. Pathogen transport and fate modeling in the Upper Salem River Watershed using SWAT model [J]. Journal of Environmental Management，2015，151：167 - 177.

[52] 夏军，王纲胜，吕爱锋，等. 分布式时变增益流域水循环模拟 [J]. 地理学报，2003 (5)：789 - 796.

[53] 熊立华，郭生练，田向荣. 基于 DEM 的分布式流域水文模型及应用 [J]. 水科学进展，2004 (4)：517 - 520.

[54] 孙福宝，杨大文，刘志雨，等. 基于 Budyko 假设的黄河流域水热耦合平衡规律研究 [J]. 水利学报，2007 (4)：409 - 416.

[55] 田富强，胡和平，雷志栋. 流域热力学系统水文模型：本构关系 [J]. 中国科学 (E辑：技术科学)，2008 (5)：671 - 686.

[56] 郝芳华，陈利群，刘昌明，等. 土地利用变化对产流和产沙的影响分析 [J]. 水土保持学报，2004 (3)：5 - 9.

[57] 王根绪，李娜，胡宏昌. 气候变化对长江黄河源区生态系统的影响及其水文效应 [J]. 气候变化研究进展，2009，5 (4)：202 - 208.

[58] IM S, KIM H, KIM C, et al. Assessing the impacts of land use changes on watershed hydrology using MIKE SHE [J]. Environmental Geology, 2009, 57 (1)：231 - 239.

[59] 王国庆，张建云，刘九夫，等. 中国不同气候区河川径流对气候变化的敏感性 [J]. 水科学进展，2011，22 (3)：307 - 314.

[60] 张淑兰，于澎涛，张海军，等. 气候变化对干旱缺水区中尺度流域水文过程的影响 [J]. 干旱区资源与环境，2013，27 (10)：70 - 74.

[61] 杨大文，张树磊，徐翔宇. 基于水热耦合平衡方程的黄河流域径流变化归因分析 [J]. 中国科学：技术科学，2015，45 (10)：1024 - 1034.

[62] 郝振纯，苏振宽. 土地利用变化对海河流域典型区域的径流影响 [J]. 水科学进展，2015，26 (4)：491 - 499.

[63] 王喜峰，沈大军. 国内外水资源经济学发展逻辑的异同辨析 [J]. 生态经济，2019，35 (4)：146 - 151.

[64] 左其亭. 中国水科学研究进展报告 2019—2020 [M]. 北京：中国水利水电出版社，2021.

[65] 秦长海，甘泓，张小娟，等. 水资源定价方法与实践研究Ⅱ：海河流域水价探析 [J]. 水利学报，2012，43 (4)：429 - 436.

[66] 甘泓，秦长海，汪林，等. 水资源定价方法与实践研究Ⅰ：水资源价值内涵浅析 [J]. 水利学报，2012，43 (3)：289 - 295.

[67] 甘泓，汪林，倪红珍，等. 水经济价值计算方法评价研究 [J]. 水利学报，2008 (11)：1160 - 1166.

[68] DINAR A, ZILBERMAN D. Economics of Water Resources：The Contributions of Dan Yaron [M]. Massachusetts：kluwer Academic Publishers，2002.

[69] CHANDRAKANTH M G. Water resource economics：towards a sustainable use of water for irrigation in India [M]. New York：Springer，2015.

[70] 沈大军，陈雯，罗健萍. 城镇居民生活用水的计量经济学分析与应用实例 [J]. 水利学报，2006 (5)：593 - 597.

[71] COSTANZA R, D'ARGE R, De GROOT R, et al. The value of the world's ecosystem services and natural capital [J]. Nature，1997，387 (6630)：253 - 260.

[72] 秦长海，甘泓，卢琼，等. 基于 SEEAW 混合账户的用水经济机制研究 [J]. 水利学报，2010，41 (10)：1150 - 1156.

[73]　DIVISION U N S. International recommendations for water statistics [M]. New York：UN，2012.

[74]　BENIS E，MATHIEU R，BELINDA R，et al. Integrating ecosystem services into conservation assessments：A review [J]. Ecological Economics，2007，63（4）：714 - 721.

[75]　THOMSON W. Axiomatic and game - theoretic analysis of bankruptcy and taxation problems：An update [J]. Mathematical Social Sciences，2015，74：41 - 59.

[76]　THOMSON W. Axiomatic and game - theoretic analysis of bankruptcy and taxation problems：a survey [J]. Mathematical Social Sciences，2003，45（3）：249 - 297.

[77]　MIANABADI H，MOSTERT E，PANDE S，et al. Weighted Bankruptcy Rules and Transboundary Water Resources Allocation [J]. Water Resources Management，2015，29（7）：2303 - 2321.

[78]　MIANABADI H，MOSTERT E，ZARGHAMI M，et al. A new bankruptcy method for conflict resolution in water resources allocation. [J]. Journal of environmental management，2014，144. 152 - 159.

[79]　DEGEFU D M，HE W. Allocating Water under Bankruptcy Scenario [J]. Water Resources Management，2016，30（11）：3949 - 3964.

[80]　DEGEFU D M，HE W，YUAN L. Monotonic Bargaining Solution for Allocating Critically Scarce Transboundary Water [J]. Water Resources Management，2017，31（9）：2627 - 2644.

[81]　DEGEFU D M，HE W，YUAN L，et al. Bankruptcy to Surplus：Sharing Transboundary River Basin's Water under Scarcity [J]. Water Resources Management，2018，32（8）：2735 - 2751.

[82]　DEGEFU D M，HE W，YUAN L，et al. Water Allocation in Transboundary River Basins under Water Scarcity：a Cooperative Bargaining Approach [J]. Water Resources Management，2016，30（12）：4451 - 4466.

[83]　孙冬营，王慧敏，褚钰. 破产理论在解决跨行政区河流水资源配置冲突中的应用 [J]. 中国人口·资源与环境，2015，25（7）：148 - 153.

[84]　张凯，李万明. 基于破产博弈理论的流域水资源优化配置分析 [J]. 统计与信息论坛，2018，33（1）：99 - 105.

[85]　陈琛，郭甲嘉，沈大军. 黄河流域水量分配和再分配 [J]. 资源科学，2021，43（4）：799 - 812.

[86]　桑学锋，赵勇，翟正丽，等. 水资源综合模拟与调配模型 WAS（Ⅱ）：应用 [J]. 水利学报，2019，50（2）：201 - 208.

[87]　O'NEILL B. A problem of rights arbitration from the Talmud [J]. Mathematical Social Sciences，1982，2（4）：345 - 371.

[88]　CURIEL I J，MASCHLER M，TIJS S H. Bankruptcy games [J]. Zeitschrift für Operations Research，1987，31（5）：A143 - A159.

[89]　Thomson W. Lorenz rankings of rules for the adjudication of conflicting claims [J].

Economic Theory，2012. 50 （3）：547 – 569.

[90] AUMANN R J，MASCHLER M. Game theoretic analysis of a bankruptcy problem from the Talmud [J]. Journal of Economic Theory，1985，36 （2）：195 – 213.

[91] LOEHMAN E，ORLANDO J，TSCHIRHART J. et al. Cost allocation for a regional wastewater treatment system [J]. Water Resources Research，1979，15 （2）：193 – 202.

[92] ARIEL D，RICHARD E H. Mechanisms for Allocation of Environmental Control Cost：Empirical Tests of Acceptability and Stability [J]. Journal of Environmental Management，1997，49 （2）：183 – 203.

[93] MADANI K，ZAREZADEH M，MORID S. A new framework for resolving conflicts over transboundary rivers using bankruptcy methods [J]. Hydrology and Earth System Sciences，2014，18 （8）：3055 – 3068.

[94] 倪红珍. 水经济价值与政策影响研究 [D]. 北京：中国水利水电科学研究院，2007.